MATHÉMATIQUE DU CRIME

GUILLERMO MARTÍNEZ

MATHÉMATIQUE
DU CRIME

roman

Traduit de l'espagnol (Argentine)
par Eduardo Jiménez

NiL éditions

Titre original : CRÍMENES IMPERCEPTIBLES

ISBN 2-84111-313-2
(édition originale : ISBN 950-49-1128-5 Planeta, Buenos Aires)

À la mémoire de mon père

1.

Dès lors que les années ont passé et que tout est tombé dans l'oubli, que m'est parvenu, en provenance d'Écosse, un mail laconique m'annonçant la triste nouvelle de la mort de Seldom, il me semble que je peux rompre une promesse que lui, en tout cas, ne m'a jamais demandée et révéler la vérité sur les événements qui, au cours de l'été 1993, défrayèrent la chronique dans les quotidiens anglais, avec des titres variant du macabre au sensationnel ; pourtant, Seldom et moi nous nous étions toujours référés à ces drames en évoquant simplement « la série », ou « la série d'Oxford », peut-être en raison de leurs connotations mathématiques. De fait, toutes les morts se produisirent dans les limites du comté d'Oxford, au début de mon séjour en Angleterre, et j'eus le privilège douteux d'assister vraiment de très près à la première de ces morts.

J'avais alors vingt-deux ans, un âge où presque

tout reste encore excusable ; je venais d'obtenir le diplôme de l'université de Buenos Aires, avec une thèse en topologie algébrique, et je me rendais à Oxford, bénéficiaire d'une bourse d'une année, en caressant l'espoir, un peu vague, de m'orienter vers la logique, ou du moins d'assister au fameux séminaire dirigé par Angus MacIntire. Celle qui devait être ma directrice sur place, Emily Bronson, s'était occupée des conditions de mon arrivée avec une sollicitude minutieuse, attentive au moindre détail. Quoique professeur et *fellow* de St. Anne's, elle m'avait suggéré, dans les mails que nous avions échangés avant le voyage, de ne pas loger dans les chambres un tant soit peu inhospitalières du *college* et de louer plutôt, si je préférais et si l'argent de ma bourse le permettait, une habitation disposant de sa propre salle de bains, d'une petite cuisine et d'une entrée indépendante, dans la maison de Mrs. Eagleton, une femme, d'après ses propos, fort aimable et discrète, la veuve de l'un de ses anciens professeurs.

Je fis mes comptes, comme souvent avec un peu trop d'optimisme, et j'envoyai un chèque pour payer d'avance le premier mois, la seule exigence de la propriétaire. Quinze jours plus tard, je volais au-dessus de l'Atlantique, dans cet état d'incrédulité que suscite en moi, depuis toujours, chaque voyage : comme s'il s'agissait d'une espèce de saut dans le vide, je m'attends, hypothèse beaucoup plus probable, et même rassurante, à me retrouver dans ma situation antérieure en raison de quelque accident de dernière minute, ou bien au fond de la mer, avant qu'un pays tout entier et l'immense machinerie que suppose le fait d'entamer une nouvelle vie n'apparaissent au loin, en bas, comme une sorte de main tendue. Et malgré tout, avec une ponctualité parfaite, à neuf heures du matin, le lendemain, l'avion perça paisiblement le rideau brumeux et l'on distingua les vertes collines d'Angleterre, avec une vraisemblance indéniable, nimbées d'une lumière qui soudain s'était atténuée, ou peut-être même dégradée, devrais-je dire, car telle fut en effet mon impression : à mesure que nous descendions, la lumière semblait acquérir une qualité de plus en plus précaire, comme si elle faiblissait, languissante, en traversant un filtre resserré.

Ma directrice m'avait fourni toutes les indications nécessaires pour prendre à Heathrow l'omnibus qui me conduirait directement à Oxford ; elle s'était excusée plusieurs fois de ne pouvoir m'accueillir à mon arrivée : elle passerait toute la semaine à Londres dans un congrès d'algèbre. Bien loin de m'inquiéter, cette circonstance me parut idéale : je disposerais de quelques jours pour me faire, par moi-même, une idée du lieu et pour parcourir la ville avant que ne commencent mes obligations. Je ne m'étais pas trop chargé en bagages et, lorsque l'omnibus eut enfin atteint sa destination, je pus sans aucun problème traverser la place de la gare avec mes sacs et prendre un taxi. On était au début d'avril mais j'avais bien fait de garder mon manteau : le vent était glacé, cinglant, et le soleil, très pâle, ne réchauffait guère l'atmosphère. J'observai néanmoins que presque tous, dans le marché qui occupait la place, étaient en manches courtes, de même que le chauffeur pakistanais qui m'ouvrit la porte de sa voiture. Je lui donnai l'adresse de Mrs. Eagleton et lui demandai, tandis qu'il démarrait, s'il n'avait pas froid. « Oh non ! Nous sommes au printemps », me répondit-il, et de montrer avec un empressement joyeux, comme une preuve irréfutable, ce soleil rachitique.

Le *cab* noir se dirigea cérémonieusement vers la rue principale. Quand il tourna à gauche, j'aperçus de chaque côté, à travers des portes en bois entrouvertes et des grilles en fer, les jardins léchés et la pelouse immaculée et brillante des *colleges*. Nous dépassâmes un petit cimetière le long d'une église, aux pierres couvertes de mousse. L'automobile grimpa par Banbury Road puis tourna un peu plus loin à Cunliffe Close, l'adresse que j'avais notée. À présent, le chemin serpentait au milieu d'un parc magnifique ; derrière des haies de troènes, l'on distinguait de grandes et vieilles bâtisses d'une élégance sereine, qui évoquaient aussitôt les romans victoriens, les après-midi passés à prendre le thé, à jouer au croquet et à se promener à travers les jardins. Nous regardions les numéros placés au bord du chemin, encore qu'il me parût improbable, du fait de la modicité du chèque que j'avais envoyé, que ma maison se trouvât parmi celles-ci. Au bout de la rue, nous vîmes finalement des maisonnettes uniformes, beaucoup plus modestes, quoique toujours charmantes, ornées de balcons rectangulaires en bois et d'aspect estival. La première d'entre elles était celle de Mrs. Eagleton. Je pris mes bagages, gravis les quelques marches de l'entrée et sonnai. Je savais, grâce à la date de sa thèse de doctorat et de ses premières publications, qu'Emily Bronson devait avoir au moins cinquante-cinq ans, et me demandai donc quel pouvait bien être l'âge de la veuve de l'un de ses anciens professeurs. Lorsque la porte s'ouvrit, je découvris le visage anguleux et les yeux d'un bleu sombre d'une jeune fille grande et mince, pas beaucoup plus vieille que moi, qui me tendit la main avec un sourire. Nous échangeâmes deux regards où se lisait une surprise mutuelle et agréable ; il me sembla toutefois qu'elle se renferma, un peu méfiante, en libérant sa main, que j'avais peut-être retenue un peu plus que je n'aurais dû. Elle me dit son prénom, Beth, et s'efforça de répéter le mien, sans y parvenir tout à fait, tandis qu'elle m'introduisait dans une accueillante salle de séjour, tapissée de losanges gris et rouges. Depuis un fauteuil fleuri, Mrs. Eagleton me tendait les bras, le visage barré d'un large sourire de bienvenue. C'était une vieille dame aux yeux pétillants et aux gestes vifs, à la chevelure blanche et vaporeuse, à la coiffure impeccable et fièrement dressée. Tandis qu'elle traversait la pièce, je remarquai le fauteuil roulant et la couverture écossaise qui recouvrait ses jambes. Je lui serrai la main et pus sentir la fragilité tremblotante de ses doigts. Elle garda la mienne un court instant et me tapota plusieurs fois de l'autre, tout en me demandant comment s'était passé mon voyage et si c'était mon premier séjour en Angleterre.

— Nous n'attendions pas quelqu'un d'aussi jeune, n'est-ce pas, Beth ? dit-elle, très étonnée.

Beth, qui était restée près de l'entrée, sourit en silence ; elle avait décroché une clef du mur puis, après avoir attendu que j'eusse répondu à trois ou quatre questions supplémentaires, elle suggéra d'une voix douce :

— Tu ne crois pas, grand-mère, que je devrais à présent lui montrer sa chambre ? Il doit être terriblement fatigué.

— Bien sûr, dit Mrs. Eagleton ; Beth va tout vous expliquer. Et si vous n'avez pas d'autres projets pour ce soir, nous serons ravies que vous vous joigniez à nous pour le dîner.

Je suivis Beth à l'extérieur de la maison. L'escalier de l'entrée continuait en spirale vers le bas et débouchait sur une petite porte. Beth pencha un peu la tête en ouvrant et me fit passer dans une chambre très vaste et ordonnée, en sous-sol, bénéficiant néanmoins d'assez de lumière grâce à deux fenêtres très hautes allant jusqu'au plafond. Elle commença à me préciser tous les détails ; elle faisait le tour de la pièce, ouvrait des tiroirs et me signalait placards, couverts et serviettes dans une espèce de récitation qu'elle donnait l'impression d'avoir souvent répétée. Moi, je me contentai de vérifier le lit et la douche et m'attachai surtout à la regarder, elle. Elle avait la peau sèche, hâlée, lisse, comme surexposée à l'air libre, en un mot l'aspect d'une personne tout à la fois resplendissante de santé et bientôt fanée. Si au premier abord j'avais estimé qu'elle pouvait avoir dans les vingt-trois ou vingt-quatre ans, à présent, sous un autre éclairage, je lui en donnais plutôt vingt-sept ou vingt-huit. Les yeux, surtout, étaient intrigants : ils étaient d'un très beau bleu profond, mais paraissaient un peu plus figés que le reste de ses traits, comme s'il fallait un peu de temps pour apercevoir dans son regard une lueur ou l'expression d'un sentiment. La robe qu'elle portait, longue et ample, avec un col rond, semblable à celle d'une paysanne, ne permettait guère de deviner son corps ; on observait juste qu'elle était mince, encore qu'un examen plus attentif révélât que cette minceur n'était pas, par chance, totalement uniforme. De dos, surtout, on avait très envie de la prendre dans ses bras ; elle avait un peu de cette fragilité des filles grandes. Quand son regard croisa de nouveau le mien, elle me demanda, mais sans ironie me sembla-t-il, si j'avais quelque chose d'autre à vérifier ; je détournai les yeux, penaud, et m'empressai de balbutier que tout était parfait. Avant qu'elle n'eût quitté la pièce je voulus savoir, en usant d'interminables détours, si je devais vraiment me considérer comme invité à dîner ce soir-là ; elle répondit en riant que bien sûr que oui, et qu'elles m'attendaient à six heures et demie.

Je déballai les quelques objets que j'avais apportés, empilai divers ouvrages et exemplaires de ma thèse sur le bureau et utilisai deux tiroirs pour y ranger mon linge. Puis je sortis faire un tour en ville. Je repérai tout de suite, au commencement de St. Giles, l'Institut de mathématiques : c'était la seule bâtisse carrée et horrible. J'observai le grand escalier de l'entrée, avec la porte tournante en verre, et décidai que pour ce premier jour j'avais le droit de passer au large. J'achetai un sandwich et m'offris un pique-nique solitaire et un peu tardif au bord de la rivière, regardant l'entraînement d'une équipe d'aviron. J'entrai dans plusieurs librairies, m'arrêtai pour admirer les gargouilles sur les corniches d'un théâtre, musardai à la queue d'un groupe de touristes dans les galeries de l'un des *colleges* puis parcourus longuement l'immense parc universitaire. Dans un endroit protégé par des arbres, une machine tondait le gazon en grands rectangles, et un individu peignait à la chaux les lignes d'un court de tennis. Je restai là, immobile et nostalgique, à contempler ce petit spectacle ; je profitai d'un moment de repos pour leur demander quand ils poseraient les filets. J'avais abandonné le tennis pendant ma deuxième année d'université et, bien que je n'eusse pas apporté mes raquettes, je me promis d'en racheter une et de trouver un partenaire pour recommencer à jouer.

Sur le chemin du retour, j'effectuai quelques achats dans un supermarché et mis un peu de temps à trouver un magasin de spiritueux, où je choisis, presque au hasard, une bouteille de vin pour le dîner. Lorsque j'atteignis Cunliffe Close, il était un peu plus de six heures, mais la nuit était déjà presque tombée et les fenêtres de toutes les maisons étaient éclairées. À ma grande surprise, on ne voyait pas de rideaux aux fenêtres. Cela dénotait-il une confiance, peut-être excessive, dans l'esprit de discrétion anglais, qui ne s'abaissait pas à épier la vie d'autrui, ou bien la certitude, également anglaise, que rien, dans leur vie privée, ne méritait d'être épié ? Il n'y avait pas non plus de grille, nulle part ; on aurait même dit que les portes n'avaient pas de clef.

Je me douchai, me rasai, choisis la chemise la moins froissée dans mon sac et, à six heures et demie tapantes, je gravis l'escalier et sonnai à la porte, muni de ma bouteille. Le dîner se déroula dans cette cordialité souriante, bien élevée, un peu anodine, à laquelle j'allais m'habituer avec le temps. Beth avait un peu soigné sa mise, mais sans pour autant se maquiller. Elle portait à présent un chemisier en soie noire et sa chevelure, ramassée d'un seul côté, lui tombait voluptueusement sur l'épaule. En tout cas, rien de cela ne m'était destiné : j'eus tôt fait d'apprendre qu'elle jouait du violoncelle dans l'orchestre de chambre du Sheldonian Theatre, l'édifice semi-circulaire dont les frises étaient ornées de gargouilles et que j'avais vu lors de ma promenade. Ce soir-là, il y avait répétition générale et un certain Michael, l'heureux homme, passerait la chercher dans une demi-heure. Il y eut un très bref instant de malaise lorsque je demandai, comme si je le tenais pour acquis, s'il s'agissait de son fiancé ; les deux femmes échangèrent un regard et, pour toute réponse, Mrs. Eagleton me proposa de reprendre de la salade de pommes de terre. Pendant tout le reste du dîner, Beth sembla un peu absente et distraite ; la fin du repas se résuma presque à une conversation en tête à tête avec Mrs. Eagleton. Après qu'on eut sonné et que Beth fut partie, mon hôtesse devint nettement plus enjouée, on aurait dit qu'un invisible fil de tension s'était relâché. Elle se resservit une seconde coupe de vin et je l'écoutai, durant un long moment, narrer les péripéties d'une vie réellement stupéfiante. Elle avait été l'une de ces innombrables femmes qui, durant la guerre, avaient participé, en toute innocence, à un concours national de mots croisés, pour apprendre finalement que le premier prix était le recrutement et le confinement des lauréates dans un petit village complètement isolé, avec mission d'aider Alan Turing et son équipe de mathématiciens à déchiffrer les codes nazis de la machine *Enigma*. C'était là qu'elle avait connu Mr. Eagleton. Elle me raconta une foule d'anecdotes sur la guerre ainsi que les circonstances du célèbre empoisonnement de Turing. Depuis qu'elle s'était installée à Oxford, me dit-elle, elle avait remplacé les mots croisés par le Scrabble, auquel elle jouait aussi souvent que possible avec un groupe d'amies. Elle fit rouler avec enthousiasme sa chaise jusqu'à une petite table basse du living et me pria de la suivre, sans me préoccuper de débarrasser la table : Beth s'en chargerait à son retour. Rempli d'appréhension, je la vis sortir un plateau d'un tiroir et le déplier sur la table. Je ne pus refuser. Ce fut ainsi que je passai le restant de ma première soirée à essayer de former des mots en anglais sous les yeux de cette vieille dame appartenant presque à l'histoire qui, tous les deux ou trois coups, éclatait de rire comme une fillette, brandissait la totalité de ses pièces et m'assenait les sept lettres d'un nouveau Scrabble.

2.

Les jours suivants je me rendis à l'Institut de mathématiques où l'on m'affecta un bureau dans la salle des *visitors*, un compte e-mail et une carte magnétique pour pouvoir entrer dans la bibliothèque en dehors des heures d'ouverture. Je partageais la pièce avec un seul collègue, un Russe nommé Podorov. Nous échangions à peine des saluts. Il allait et venait le dos courbé, se penchait de temps à autre sur sa table pour griffonner une formule sur un grand cahier à couverture rigide dont l'aspect rappelait celui d'un livre de psaumes, ou de comptabilité, puis sortait fumer toutes les demi-heures dans la courette pavée, sous la fenêtre. Ma première rencontre avec Emily Bronson eut lieu au bout d'une semaine : c'était une femme de petite taille, les cheveux très raides et tout blancs, maintenus au-dessus des oreilles par des élastiques, comme ceux d'une collégienne. Elle arrivait à l'Institut juchée sur une bicyclette trop grande pour elle, avec un panier contenant ses livres et le déjeuner accroché au guidon. Elle avait une allure monacale, un peu timide, mais je découvris au fil du temps qu'elle était parfois capable de faire preuve d'un humour mordant et acéré. Malgré sa modestie, il me semble qu'elle fut satisfaite du titre de ma thèse : *Les Espaces de Bronson.* Lors de notre première entrevue, elle me laissa les tirés à part de ses deux derniers papiers, afin que je commence à les étudier, ainsi qu'une série de brochures et de cartes sur les endroits qu'il convenait de visiter à Oxford, avant – ajouta-t-elle – le début du nouveau semestre et qu'il me reste moins de temps libre. Elle me demanda s'il me manquait quelque chose en particulier de ma vie à Buenos Aires, et lorsque je suggérai que j'aimerais rejouer au tennis, elle m'assura, avec un sourire habitué à des requêtes beaucoup plus excentriques, que la question serait facile à régler.

Deux jours plus tard, je trouvai dans mon casier une carte avec une invitation pour faire un double dans le club de Marston Ferry Road. Les terrains étaient en terre battue et se trouvaient à mi-chemin entre l'Institut et Cunliffe Close. Le groupe était composé de John, un photographe nord-américain, doté de longs bras et d'un excellent jeu de filet, de Sammy, un biologiste canadien presque albinos, vaillant et infatigable, et de Lorna, une infirmière du Radcliffe Hospital, d'ascendance irlandaise, aux cheveux roux et aux yeux verts lumineux et séduisants. Au bonheur de fouler de nouveau la terre battue s'ajouta un second bonheur inattendu, celui de découvrir en face, pendant que nous faisions des balles, une jeune fille qui, non contente d'être belle en tout point, possédait un jeu de fond de court sûr et élégant et renvoyait au ras du filet tous mes coups. Nous jouâmes trois sets, en changeant de partenaire, Lorna et moi formions une équipe souriante et redoutable et, pendant la semaine suivante, je comptai les jours, avant de fouler de nouveau le court, puis les jeux, jusqu'à la rotation qui la laisserait enfin à mes côtés.

Je croisais presque tous les matins Mrs. Eagleton ; parfois je la trouvais en train de s'occuper du jardin, très tôt, quand je partais pour l'Institut, et nous échangions quelques mots. D'autres fois je l'apercevais dans Banbury Road, en route vers le marché, à l'heure où je faisais une pause pour aller acheter mon déjeuner. Elle utilisait une chaise roulante à moteur qui lui permettait de se glisser sur le trottoir comme à bord d'une embarcation paisible, et elle saluait d'une gracieuse inclination de la tête les étudiants qui lui ouvraient le passage. En revanche, je rencontrais très peu souvent Beth, je n'avais reparlé avec elle qu'une seule fois, un soir, au retour du tennis. Lorna m'avait proposé de me déposer en voiture à l'entrée de Cunliffe Close ; tandis que je prenais congé d'elle, je vis Beth qui descendait d'un omnibus, portant son violoncelle. J'allai à sa rencontre afin de l'aider jusqu'à la maison. C'était l'une des premières journées de véritable chaleur et je suppose que mon visage et mes bras devaient avoir pris des couleurs à la suite de cet après-midi passé au soleil. Elle eut un sourire accusateur en me découvrant.

— Eh bien, on dirait qu'à présent tu es installé. Mais ne devrais-tu pas être en train d'étudier les mathématiques, au lieu de jouer au tennis et de te promener en auto avec des jeunes filles ?

— J'ai l'autorisation de ma directrice, dis-je en riant, et j'esquissai un geste d'absolution.

— Oh ! C'était juste une plaisanterie : en réalité, je t'envie.

— Tu m'envies ? Pourquoi ?

— Je ne sais pas ; tu donnes une telle impression de liberté : tu abandonnes ton pays, ton autre vie, tu laisses tout derrière toi ; et deux semaines plus tard je te retrouve comme ça : heureux, bronzé, jouant au tennis.

— Tu devrais faire comme moi : il suffit de demander une bourse.

Elle hocha la tête, avec une certaine tristesse.

— J'ai déjà essayé, mais on dirait que pour moi c'est trop tard. Bien entendu, ils ne l'admettront jamais, mais ils préfèrent les donner à des filles plus jeunes. Je vais bientôt avoir vingt-neuf ans, avoua-t-elle, comme si cet âge représentait une chape de plomb définitive, et elle ajouta, d'un ton subitement amer : Parfois, je donnerais tout pour m'échapper d'ici.

Je regardai dans le lointain le vert du lierre sur les maisons, les aiguilles des coupoles médiévales, les grimaces rectangulaires des tours crénelées.

— S'échapper d'Oxford ? J'aurais du mal à imaginer un endroit plus beau.

Une ancienne impossibilité parut voiler brièvement son regard.

— Peut-être… oui, si je n'étais pas obligée de m'occuper en permanence d'une invalide, et de faire chaque jour quelque chose qui depuis longtemps déjà ne signifie plus rien.

— Tu n'aimes pas jouer du violoncelle ?

Cela me semblait surprenant et intrigant. Je la regardai, comme si je pouvais l'espace d'un instant briser la surface immobile de ses yeux et accéder à une seconde couche.

— J'en ai horreur, me répondit-elle, et ses pupilles s'assombrirent ; c'est de pire en pire, et il m'est chaque fois plus difficile de le cacher. Parfois, j'ai peur qu'on ne le remarque quand nous jouons, que le chef d'orchestre ou l'un de mes camarades ne se rende compte de la haine que m'inspire chaque note que je joue. Mais nous terminons le concert, et les gens applaudissent, et personne ne remarque rien. Amusant, non ?

— Je dirais que tu ne risques rien. En ce sens, la musique est aussi abstraite que les mathématiques : elle ne peut pas distinguer des catégories morales. Je ne pense pas que la haine émette une vibration spéciale. Tant que tu suivras la partition, je n'imagine aucune façon de la déceler.

— Suivre la partition… Je n'ai pas arrêté, ma vie durant, soupira-t-elle. (Nous étions arrivés devant la porte.) Ne t'inquiète pas pour moi, me dit-elle, et elle posa sa main sur la poignée : j'ai eu une mauvaise journée.

— Mais la journée n'est pas finie. N'y a-t-il rien que je puisse faire pour l'améliorer ?

Elle me regarda avec un sourire attristé et reprit le violoncelle.

— *Oh, you are such a Latin man !* murmura-t-elle, comme s'il s'agissait de quelque chose dont elle devait soigneusement se protéger, mais même ainsi, avant de fermer la porte, elle me laissa contempler une dernière fois ses yeux bleus.

Deux autres semaines s'écoulèrent. L'été commença à s'annoncer lentement, avec des crépuscules doux et très longs. Le premier mercredi de mai, de retour de l'Institut, je retirai d'un distributeur automatique l'argent pour payer le loyer de ma chambre. Je sonnai à la porte de Mrs. Eagleton et tandis que j'attendais je vis s'approcher, le long du chemin serpentant vers la maison, un homme de grande taille, avançant à longues enjambées, avec une expression sérieuse et renfermée. Je l'observai du coin de l'œil quand il s'arrêta près de moi : son front était large et dégagé, les yeux petits, enfoncés dans les orbites, une cicatrice barrait son menton ; il devait avoir environ cinquante-cinq ans, bien qu'une certaine énergie contenue dans ses mouvements lui donnât encore un aspect juvénile. Il y eut un bref moment de gêne pendant que nous attendions ensemble l'un et l'autre, devant la porte fermée, jusqu'à ce qu'il se décide à me demander, avec un accent écossais grave et harmonieux, si j'avais déjà sonné. J'acquiesçai et sonnai de nouveau. Je lui dis que ma première sonnerie avait peut-être été trop courte et, à ces mots, un large et cordial sourire éclaira son visage et il voulut savoir si j'étais argentin.

— Alors, me dit-il, passant à un castillan parfait, avec une amusante pointe d'accent *porteño*, vous devez être l'élève d'Emily.

Je répondis que oui, surpris, et l'interrogeai sur l'endroit où il avait appris l'espagnol. Il sourit, comme s'il songeait à un passé très lointain, et me dit qu'il y avait très longtemps.

— Ma première épouse était de Buenos Aires, et il me tendit la main. Je suis Arthur Seldom.

À cette époque-là, peu de noms auraient pu susciter en moi une plus grande admiration. L'homme aux yeux petits et transparents qui me serrait la main était déjà devenu une légende parmi les mathématiciens. J'avais étudié pendant des mois, en vue d'un séminaire, le plus fameux de ses théorèmes : le prolongement philosophique des thèses de Gödel datant des années trente. On le considérait comme l'une des quatre sommités de la logique et il suffisait d'énumérer la liste de ses travaux pour observer qu'on avait affaire à l'un de ces rares cas de *summa matematica* : ce front vaste et serein avait agité puis remis en ordre les idées les plus profondes du siècle. Lors de ma deuxième incursion dans les librairies de la ville, j'avais voulu me procurer son dernier ouvrage, une œuvre traitant des séries logiques, et j'avais eu la surprise d'apprendre qu'il était épuisé depuis deux mois. Quelqu'un m'avait affirmé que, depuis la publication de ce livre, Seldom avait disparu du circuit des congrès et, à ce qu'il semblait, nul ne se risquait à émettre la moindre hypothèse sur la nature de ses travaux actuels. En tout cas, moi, je ne savais même pas qu'il habitait Oxford, et je m'attendais encore moins à le retrouver devant la porte de Mrs. Eagleton. Je lui dis que j'avais fait un exposé sur son théorème, lors d'un séminaire, et il parut reconnaissant de mon enthousiasme. J'observai néanmoins qu'il avait l'air inquiet et que son attention se détournait malgré lui vers la porte.

— Mrs. Eagleton devrait être chez elle, n'est-ce pas ? dit-il.

— Je crois que oui ; sa chaise à moteur est ici. À moins qu'on ne soit venu la chercher en voiture…

Seldom sonna encore une fois, la mine soucieuse, puis s'approcha de la fenêtre qui donnait sur la galerie, s'efforçant de regarder à l'intérieur.

— Savez-vous s'il existe une autre entrée parderrière ?

Et il ajouta, en anglais :

— J'ai peur qu'il ne lui soit arrivé quelque chose.

Je vis, à l'expression de son visage, qu'il était vraiment alarmé, comme s'il s'attendait déjà au pire.

— Si vous êtes d'accord, on peut essayer la porte, lui dis-je : il me semble qu'elles ne la ferment pas pendant la journée.

Seldom appuya sa main sur la poignée et la porte s'ouvrit aisément. Nous entrâmes en silence ; nos pas firent craquer le parquet. On entendait à l'intérieur, tel un battement amorti, le tic-tac feutré d'une horloge. Nous nous dirigeâmes vers la salle de séjour et nous arrêtâmes près de la table, au milieu. J'indiquai d'un geste à Seldom la chaise longue près de la fenêtre qui donnait sur le jardin. Mrs. Eagleton était allongée dessus et paraissait profondément assoupie, le visage tourné contre le dossier. L'un des oreillers était tombé sur le tapis, comme s'il avait glissé durant son sommeil. Ses cheveux blancs étaient soigneusement protégés par un filet et ses lunettes étaient restées posées sur la table, près du plateau de Scrabble.

Elle devait avoir joué seule, car les deux supports de lettres étaient de son côté. Seldom s'approcha et, quand il lui eut doucement touché l'épaule, la tête s'affaissa lourdement. Nous distinguâmes en même temps les yeux ouverts et remplis d'effroi ainsi que deux filets parallèles de sang qui couraient depuis le haut du nez jusqu'au menton, avant de se rejoindre dans le cou. Je fis un pas en arrière, malgré moi, et réprimai un cri. Seldom, qui avait soutenu la tête avec un bras, remit du mieux possible le corps en place puis murmura, consterné, quelque chose que je ne parvins pas à entendre. Il ramassa l'oreiller et en le soulevant il révéla, sur le tapis, une grande tache rouge dont le centre était déjà presque sec. Il demeura un moment un bras ballant, tenant l'oreiller, plongé dans une profonde réflexion, comme s'il explorait les diverses alternatives d'un calcul complexe. Il semblait bouleversé. Ce fut moi qui suggérai finalement d'appeler la police, ce à quoi il acquiesça mécaniquement.

3.

— On nous demande d'attendre dehors, dit Seldom, laconique, après avoir raccroché.

Nous sortîmes, sans rien toucher au passage, sous le petit porche de l'entrée. Seldom appuya son dos contre la rambarde de l'escalier et se roula une cigarette en silence. Les mains s'arrêtaient à chaque instant sur un pli du papier ou répétaient inlassablement le même geste, comme si leurs mouvements correspondaient aux pauses et aux hésitations d'un enchaînement de pensées qu'il lui fallait soigneusement vérifier. L'accablement des quelques minutes précédentes semblait remplacé à présent par une tentative frénétique de donner du sens et de la rationalité à quelque chose d'incompréhensible. Deux hommes apparurent à bord d'un véhicule de patrouille et se garèrent sans bruit près de la maison. Un individu de haute taille, vêtu d'un costume bleu foncé, aux cheveux blancs et aux yeux pénétrants, vint vers nous,

nous serra rapidement la main et nous demanda nos noms.

— Moi, je suis l'inspecteur Petersen, dit-il, puis il désigna un homme en imperméable vert, qui nous salua d'un léger hochement de la tête en passant devant nous, et voici notre médecin légiste. Veuillez nous suivre : nous devons vous poser quelques questions.

Le médecin enfila des gants en latex et se pencha sur la chaise longue ; nous le vîmes de loin examiner attentivement le corps de Mrs. Eagleton, prendre quelques échantillons de sang et de peau qu'il transmettait à l'un de ses assistants. Un photographe déclencha deux fois son flash sur le visage sans vie.

— Bien, dit le médecin, et d'un signe il nous demanda de nous approcher. Dans quelle position se trouvait exactement le corps ?

— Le visage était tourné vers le dossier, répondit Seldom. Le corps était de profil… un peu plus… Les jambes étirées, le bras droit fléchi. Oui, je crois qu'il était comme ça.

Il me regarda pour que je confirme la position.

— Et cet oreiller était par terre, ajoutai-je.

Petersen ramassa l'oreiller et fit remarquer au médecin légiste la tache de sang au milieu.

— Vous vous souvenez de l'endroit ?

— Sur le tapis, à hauteur de la tête, comme s'il était tombé pendant son sommeil.

Le photographe prit deux ou trois photos supplémentaires.

— À mon avis, dit le médecin légiste en s'adressant à Petersen, le meurtrier avait l'intention de l'étouffer, sans laisser de traces, tandis qu'elle dormait. Il a doucement fait glisser l'oreiller de dessous la tête, sans déranger le filet à cheveux, ou bien l'oreiller était déjà tombé par terre. Mais alors qu'il l'appuyait sur le visage de la vieille dame, celle-ci s'est réveillée, et elle a peut-être essayé de résister. À cet instant l'homme s'est effrayé plus que de raison, il a enfoncé le poing, voire un genou, pour avoir plus de force, et il a écrasé sans s'en rendre compte le nez sous l'oreiller. Le sang s'explique tout simplement comme ça : c'est un peu de sang qui a coulé du nez ; à cet âge-là, les capillaires sont très fragiles. Quand il a soulevé l'oreiller, il a découvert le visage ensanglanté. Sans doute a-t-il pris peur de nouveau et il l'a laissé tomber sur le tapis, sans rien remettre en ordre. Il a peut-être décidé que ça revenait au même et il s'est enfui le plus vite possible. Je dirais que c'est une personne qui tue pour la première fois, probablement un droitier. (Il étendit ses deux bras sur le visage de Mrs. Eagleton pour illustrer son hypothèse.) La position finale de l'oreiller sur le tapis correspond à ce geste, qui serait le plus normal pour un individu qui l'aurait tenu de la main droite.

— Homme ou femme ? demanda Petersen.

— C'est une bonne question, répondit le médecin légiste. Ce pourrait être un homme fort qui l'a blessée en augmentant simplement la pression des métacarpiens, ou bien une femme consciente de sa faiblesse et qui, pour maintenir la pression, a pesé de tout son poids sur le corps.

— Heure de la mort ?

— Entre deux et trois heures de l'après-midi. (Le médecin se tourna vers nous.) À quelle heure êtes-vous arrivés ?

Seldom me consulta rapidement du regard.

— Il était quatre heures et demie.

Puis il ajouta, en s'adressant à Petersen :

— Moi, je dirais qu'on l'a sans doute tuée à trois heures.

L'inspecteur le regarda avec une lueur d'intérêt.

— Ah bon ? Comment le savez-vous ?

— Nous ne sommes pas arrivés ensemble, dit Seldom. La raison de ma venue ici est un billet, un message assez étrange que j'ai trouvé dans mon casier, à Merton College. Malheureusement, je n'y ai pas beaucoup prêté attention au début, mais je suppose que c'était déjà trop tard, de toute façon.

— Que disait ce message ?

— *Le premier de la série*, répondit Seldom. Rien d'autre. En lettres d'imprimerie, grandes et manuscrites. En dessous il y avait l'adresse de Mrs. Eagleton et l'heure, comme s'il s'agissait d'un rendez-vous : 15 h.

— Je peux le voir ? Vous l'avez sur vous ?

Seldom fit non de la tête.

— Lorsque je l'ai pris dans mon casier il était près de quatre heures et j'étais en retard pour mon séminaire. Je l'ai lu tandis que je me dirigeais vers mon bureau et j'ai pensé, franchement, que c'était encore un message d'un malade mental. Il y a un certain temps j'ai publié un ouvrage sur les séries logiques et j'ai eu la mauvaise idée d'y inclure un chapitre sur les crimes en série. Depuis lors, je reçois tout un tas de lettres et d'e-mails avec des confessions de crimes… Enfin, à peine entré dans mon bureau, je l'ai jeté dans la corbeille à papier.

— Il s'y trouve peut-être encore, dit Petersen.

— Je crains que non. Après le séminaire, je me suis souvenu à nouveau du message. L'adresse à Cunliffe Close m'avait un peu inquiété. Pendant que j'étais en train de donner mon cours, je me suis rappelé que Mrs. Eagleton habitait là, mais je n'étais pas sûr du numéro. J'ai voulu le relire, pour confirmer l'adresse. Hélas, l'appariteur était venu nettoyer mon bureau et la corbeille à papier était vide. Voilà pourquoi j'ai décidé de venir.

— On peut quand même essayer, insista Petersen, et il appela l'un de ses hommes. Wilkie : allez à Merton College et interrogez, s'il vous plaît, l'appariteur… Quel est son nom ?

— Brent, mais je ne crois pas que ça serve à

grand-chose : à cette heure-ci, le camion poubelle est sans doute déjà passé.

— Si on ne le retrouve pas, nous vous appellerons pour que vous fassiez à notre dessinateur une description de l'écriture ; en attendant, nous garderons le secret : je vous demande à tous deux la plus grande discrétion. Y avait-il, dans ce message, un autre détail dont vous pourriez vous souvenir ? Le type de papier, la couleur de l'encre, ou n'importe quoi que vous auriez remarqué ?

— L'encre était noire ; à mon avis, l'encre d'un stylo à pompe. Le papier était blanc, courant, format papier à lettres. L'écriture était grande et claire. Le message avait été soigneusement plié en quatre avant d'être glissé dans mon casier. Et il y avait effectivement un détail curieux : sous le texte, on avait tracé un cercle. Un cercle petit et parfait, à l'encre noire aussi.

— Un cercle, répéta Petersen, pensif. Une espèce de signature ? Un sceau ? Ou bien ça vous dit quelque chose d'autre ?

— Cela pourrait avoir un rapport avec ce chapitre de mon livre sur les crimes en série. J'y soutiens que, mis à part les films ou les romans policiers, la logique cachée derrière les crimes en série – du moins ceux que l'histoire a retenus – est en général des plus rudimentaires et concerne surtout les pathologies mentales. Les modèles sont très grossiers, ce qui les caractérise c'est la monotonie et la répétition, et ils reposent, dans une écrasante majorité, sur quelque expérience traumatisante ou fixation de l'enfance. Autrement dit, ces cas relèvent plutôt de l'analyse psychiatrique que de véritables défis intellectuels. La conclusion de ce chapitre était que le crime dû à des motivations rationnelles, par pure vanité intellectuelle, par exemple à la façon de Raskolnikov, ou dans la variante artistique de Thomas De Quincey, ne semble pas appartenir au monde réel. Ou bien, avais-je ajouté en guise de plaisanterie, leurs auteurs ont fait preuve d'une telle intelligence que nous ne les avons pas encore découverts.

— Je vois, reprit Petersen. Vous pensez qu'un lecteur de votre ouvrage a relevé le défi. Et dans ce cas, le cercle représenterait…

— … peut-être le premier symbole d'une suite logique. Ce serait un bon choix : c'est probablement le symbole qui a admis, au cours de l'histoire, la plus grande variété d'interprétations, aussi bien à l'intérieur des mathématiques qu'à l'extérieur. Cela peut presque signifier n'importe quoi. En tout cas, c'est une façon très rusée de commencer une série : avec, au début, un symbole d'une indétermination maximale, de sorte que nous soyons dans la quasi-impossibilité d'imaginer la suite.

— Vous croyez que nous avons affaire à un mathématicien ?

— Non, non, pas du tout ; à la grande surprise de mes éditeurs, mon livre a atteint un public très varié. Et, pour le moment, on ne peut même pas affirmer que ce symbole doive être interprété comme un cercle. Je m'explique : moi, j'ai vu avant tout un cercle, mais peut-être à cause de ma formation mathématique. Cela pourrait se référer à un ésotérisme quelconque, ou à une vieille religion, ou à quelque chose de complètement différent. Une astrologue aurait sans doute vu la pleine lune, et votre dessinateur l'ovale d'un visage…

— Bon, dit Petersen. Revenons un instant sur Mrs. Eagleton. Vous la connaissiez bien ?

— Harry Eagleton a été mon tuteur, pendant mes études, et j'ai été quelquefois invité à des réunions ainsi qu'à des dîners ici, après avoir été diplômé. J'ai aussi été ami de Johnny, leur fils, et de sa femme Sarah. Ils ont été tués ensemble dans un accident, alors que Beth était encore une petite fille. Celle-ci est depuis lors restée à la charge de Mrs. Eagleton. Je les voyais assez peu ces derniers temps. Je savais que Mrs. Eagleton menait un long combat contre le cancer, et qu'elle avait été plusieurs fois hospitalisée… Il m'est arrivé de la croiser au Radcliffe Hospital.

— Et cette jeune fille, Beth, elle habite encore là ? Quel âge a-t-elle à présent ?

— Elle doit avoir vingt-huit, ou peut-être trente ans… Oui, elles vivaient ensemble.

— Bien, il faudrait la rencontrer le plus vite possible, je veux également lui poser quelques questions. L'un d'entre vous sait-il où nous pourrions la trouver ?

— Elle doit être au Sheldonian Theatre, suggérai-je. Aux répétitions de l'orchestre.

— C'est sur mon chemin, dit Seldom. Si ça ne vous embête pas, j'aimerais vous demander, en qualité d'ami de la famille, l'autorisation de lui annoncer la nouvelle moi-même. En plus, elle aura peut-être besoin d'aide pour les formalités d'inhumation.

— Bien sûr, aucun problème, répondit Petersen, mais il faudra patienter un peu pour les funérailles : nous devrons d'abord procéder à l'autopsie. Veuillez indiquer à Miss Beth que nous l'attendons ici. Il faut encore relever les empreintes digitales, nous resterons sans doute là encore deux heures. C'est vous qui avez prévenu par téléphone, n'est-ce pas ? Vous rappelez-vous avoir touché quelque chose d'autre ?

Nous fîmes non tous les deux de la tête. Petersen appela l'un de ses hommes, qui s'approcha muni d'un petit magnétophone.

— Bon, alors je vais juste vous prier de faire une brève déclaration au lieutenant Sacks sur vos activités depuis midi. Pure routine, ensuite vous pourrez partir. Je crains néanmoins de devoir vous importuner de nouveau dans les prochains jours, j'aurai en effet quelques questions supplémentaires à vous poser.

Seldom répondit durant deux ou trois minutes au questionnaire de Sacks, et je remarquai, quand ce fut mon tour, qu'il attendait discrètement à l'écart jusqu'à ce que j'eusse fini. Je crus qu'il voulait peut-être prendre congé de moi en bonne et due forme mais, quand je me tournai vers lui, il me fit signe de l'accompagner.

4.

— J'ai pensé que nous pourrions peut-être marcher ensemble jusqu'au théâtre, dit Seldom, tout en commençant à se rouler une cigarette. J'aimerais savoir… (Il parut en proie au doute, comme s'il avait du mal à trouver les mots exacts. La nuit était complètement tombée et je ne parvenais pas à distinguer, dans l'ombre, l'expression de son visage.) J'aimerais être sûr, poursuivit-il finalement, que nous avons l'un et l'autre vu la même chose, là-bas. Je veux dire, avant l'arrivée de la police, avant d'écouter toutes les hypothèses et explications : le premier tableau qui s'est offert à nos yeux. Ce qui m'intéresse, c'est votre première impression à vous, qui étiez le seul totalement pris au dépourvu.

Je demeurai un instant pensif, m'efforçant de me rappeler et de reconstruire chaque détail ; j'étais également conscient de vouloir faire preuve d'une certaine vivacité d'esprit, afin de ne pas décevoir Seldom.

— Il me semble, dis-je prudemment, que je serais plutôt d'accord avec toutes les explications du médecin légiste, à l'exception peut-être d'un seul détail, à la fin. Il a affirmé que le meurtrier, en apercevant le sang, a lâché l'oreiller et est parti le plus vite possible, sans rien essayer de remettre en ordre…

— Et vous n'êtes pas d'accord ?

— Il est probablement vrai qu'il n'a rien rangé, mais il a fait au moins quelque chose d'autre avant de s'en aller : il a retourné le visage de Mrs. Eagleton contre le dossier. C'est comme ça que nous l'avons trouvée.

— Vous avez raison, acquiesça Seldom, avec un long hochement de tête. Et ça vous inspire quoi ?

— Je ne sais pas. Peut-être n'a-t-il pas supporté les yeux ouverts de Mrs. Eagleton. S'il s'agit, comme le prétend le médecin légiste, de quelqu'un qui tuait pour la première fois, sans doute a-t-il compris, à peine avait-il aperçu ces yeux, ce qu'il avait fait, et il a voulu, d'une certaine façon, s'en débarrasser.

— D'après vous, il connaissait déjà Mrs. Eagleton, ou bien il l'a plus ou moins choisie au hasard ?

— Je ne crois pas à un hasard total. J'ai remarqué ce que vous avez dit, après : que Mrs. Eagleton était atteinte d'un cancer. Il aurait pu être au courant de sa mort prochaine. Cela semble conforme à l'idée d'un défi avant tout intellectuel, comme s'il avait essayé de faire le moins de mal possible. On pourrait même considérer la manière choisie pour la tuer comme plutôt charitable, si elle ne s'était pas réveillée. En revanche, et j'en suis presque sûr, il savait que vous, vous connaissiez Mrs. Eagleton, et que ça vous obligerait à vous mêler de cette affaire.

— C'est bien possible, répondit Seldom, et je partage aussi cette idée que le meurtrier a voulu agir de la façon la plus douce qui soit. C'était précisément la question que je me posais en écoutant le médecin : que serait-il arrivé s'il avait parfaitement réussi son coup, si le nez de Mrs. Eagleton n'avait pas saigné ?

— Vous auriez été le seul à savoir, grâce au message, que ce n'était pas une mort naturelle.

— Exactement ; en principe, la police serait restée en dehors. Il me semble que c'était son intention : un défi presque privé.

— Oui, mais dans ce cas, repris-je, dubitatif, je ne perçois pas très bien à quel moment il a écrit le message qui vous était destiné ; avant, ou après le crime ?

— Il l'a probablement rédigé avant de la tuer, dit Seldom, et même après avoir loupé une partie de son plan, il a décidé de continuer, et de le déposer de toute façon dans mon casier.

— Selon vous, qu'est-ce qu'il va faire, à présent ?

— Maintenant que la police est au courant ? Je l'ignore. J'imagine qu'il s'efforcera d'être plus soigneux la prochaine fois.

— Autrement dit, un autre meurtre qui passera inaperçu ?

— Oui, c'est ça, répondit Seldom, presque pour lui-même, exactement. Des crimes que personne ne voit comme des crimes. Je crois que je commence enfin à saisir : des crimes imperceptibles.

Nous restâmes un moment silencieux. Seldom paraissait perdu dans ses pensées. Nous n'étions plus très loin du parc universitaire. Une grande limousine se gara sur le trottoir d'en face, devant un restaurant. Je vis sortir une jeune mariée, qui tirait à grand-peine la traîne de sa robe et portait une main à sa tête, pour garder en équilibre une gracieuse coiffure fleurie. Il y eut un peu d'agitation tout autour, des éclairs de flashes. Seldom n'avait apparemment pas enregistré la scène : il marchait, les yeux figés, l'air absent, complètement renfermé en lui-même. Je décidai néanmoins d'interrompre ses cogitations, pour l'interroger sur le point qui m'avait davantage intrigué.

— À propos de ce que vous avez dit à l'inspecteur, au sujet du cercle et de la série logique : ne pensez-vous pas qu'il doit y avoir un lien entre ce symbole et le choix de la victime, voire avec la façon de la tuer ?

— Oui, sans doute, répondit Seldom, un peu distrait, comme s'il avait déjà réfléchi à cette question longtemps avant. Mais le problème, ainsi que je l'ai indiqué à Petersen, c'est que nous ne sommes même pas certains qu'il s'agit bien d'un cercle et non, par exemple, du serpent des gnostiques qui se mord la queue, ou du O majuscule du mot *omertá*. C'est là que réside la difficulté quand on connaît seulement le premier terme d'une série : établir le contexte dans lequel ce symbole doit être lu. En fait, faut-il le considérer d'un point de vue purement graphique, disons, sur le plan syntaxique, simplement comme une figure, ou bien, sur le plan sémantique, en fonction de l'une de ses significations possibles ? Il existe une série relativement connue, que je cite dans mon livre, à titre de premier exemple, pour mettre en lumière cette ambiguïté… Attendez un peu, ajouta-t-il, et il fouilla dans ses poches pour en sortir un portemine et un petit carnet de notes. Il arracha une feuille qu'il appuya sur le carnet et, sans cesser de marcher, il dessina en s'appliquant trois figures puis me tendit le bout de papier pour que j'y jette un coup d'œil. Nous étions parvenus à Magdalen Street et je pus observer les figures sans aucune difficulté sous la lumière jaune et diffuse des réverbères. La première était incontestablement un M majuscule, la deuxième ressemblait à un cœur, aligné, la troisième était le chiffre huit.

— D'après vous, quelle devrait être la quatrième figure ? me demanda Seldom.

— M, cœur, huit, répétai-je en essayant d'y déceler un sens.

Seldom, un tant soit peu amusé, me laissa encore réfléchir une ou deux minutes.

— Je suis sûr que vous pourrez le résoudre dès que vous y songerez un peu, ce soir, chez vous, me dit-il. Je ne voulais vous montrer qu'une simple chose : pour le moment, c'est comme si l'on nous avait donné seulement le premier symbole, et il cacha avec sa main, sur le papier, le cœur et le huit. Si vous n'aviez vu que cette figure, cette lettre M, vous auriez tendance à penser quoi ?

— Qu'il s'agit d'une série de lettres, ou le début d'un mot commençant par M.

— Tout à fait, dit Seldom. Vous auriez donné à ce symbole la signification non seulement d'une lettre en général, mais aussi celle d'une lettre bien précise et déterminée, le M majuscule. Or, il suffit de découvrir le deuxième symbole de la série et tout change, n'est-ce pas ? Entre autres choses, vous savez à présent que vous ne pouvez plus vous attendre à un mot. Par ailleurs, ce symbole est assez hétérogène par rapport au premier, il est d'un autre ordre, par exemple, il évoque les jeux de cartes français. En tout cas, il remet en cause le sens initial que nous avions attribué au premier. Nous pouvons encore continuer à penser qu'il s'agit d'une lettre, mais ce n'est plus aussi important que ce soit exactement un M. Et lorsque nous faisons entrer en jeu le troisième symbole, notre première réaction, de nouveau, consiste à tout réorganiser d'après les éléments connus. Si nous l'interprétons comme le chiffre huit, nous avons tendance à penser à une série qui commence par une lettre, suivie d'un cœur, lui-même suivi d'un chiffre. Mais observez que nous sommes sans cesse en train de raisonner sur des significations que nous assignons – presque automatiquement – à ce qui ne représente, en principe, que des dessins, des lignes tracées sur un bout de papier. Voici l'astuce de cette série : il est très difficile de dissocier ces trois figures de leur interprétation la plus évidente et immédiate. Par contre, si vous parvenez à percevoir, ne serait-ce qu'un instant, les symboles nus, uniquement en tant que figures, vous trouverez la constante qui détruit toutes les significations précédentes et celle-ci vous donnera la clef de la suite.

Nous passâmes devant la fenêtre éclairée de l'*Eagle and Child*. Dedans, les gens s'entassaient contre le zinc et, comme dans les films muets, on les voyait rire en silence et brandir des pichets de bière. Nous traversâmes la rue et tournâmes à gauche, le long d'un monument. J'aperçus devant nous le mur arrondi du théâtre.

— Ce que vous voulez dire c'est que, dans notre cas, il nous faudrait au moins un terme supplémentaire…

— Oui, répondit Seldom. Avec le premier terme, nous sommes encore complètement plongés dans l'obscurité ; nous sommes même incapables de résoudre cette première alternative : devons-nous considérer le symbole comme un trait sur le papier, ou bien essayer de lui attribuer un sens quelconque ? Malheureusement, il ne nous reste plus qu'à attendre.

Tout en me parlant, il avait grimpé le perron du théâtre et je le suivis dans le hall, sans me décider à prendre congé. L'entrée était déserte mais il était facile de se guider grâce à la musique, qui avait la grâce légère d'une danse. Nous montâmes des escaliers en essayant de ne pas faire de bruit et nous parcourûmes un couloir recouvert d'un tapis. Seldom entrouvrit l'une des portes latérales, revêtues d'un capitonnage moelleux en forme de losanges, et nous nous penchâmes au bord d'une loge, d'où l'on voyait le petit orchestre au milieu de la scène. Ils répétaient ce qui ressemblait à une czardas hongroise. La musique nous parvenait à présent puissante et claire. Beth était penchée vers l'avant de sa chaise, le corps tendu, et son archet montait puis descendait, frénétique, le long du violoncelle. J'écoutai le déchaînement vertigineux des notes, semblables à des coups de fouet sur des chevaux, et le contraste entre la musique joyeuse et entraînante et l'effort des exécutants me rappela ce que Beth m'avait avoué quelques jours auparavant. Son visage était transfiguré par l'effort de suivre la partition. Ses doigts couraient sur le diapason mais, même ainsi, ses yeux conservaient une certaine distance, comme si seule une partie de son être était là. Nous regagnâmes le couloir. Seldom affichait de nouveau une expression grave et réservée. Je remarquai qu'il était nerveux : il avait commencé à rouler machinalement une autre cigarette qu'il ne pouvait pas allumer ici. Je murmurai quelques mots, pour prendre congé ; Seldom me serra la main avec force et me remercia encore de l'avoir accompagné.

— Si vous êtes libre vendredi à midi, ajouta-t-il, j'aimerais vous inviter à déjeuner au Merton ; peut-être aurons-nous eu d'autres idées d'ici là.

— Bien sûr que oui : le vendredi, c'est parfait, pour moi, répondis-je.

Je descendis le perron et regagnai la rue. Il faisait froid, il s'était mis à bruiner. Arrivé sous les lampadaires de l'avenue, je sortis de ma poche le papier où Seldom avait dessiné les trois figures, en m'efforçant de protéger l'encre contre les gouttelettes de pluie. Je faillis éclater de rire en découvrant, à mi-chemin, la simplicité de la solution.

5.

Lorsque j'eus laissé derrière moi la dernière courbe du chemin et atteint la maison, je constatai que la patrouille était encore là ; à présent, il y avait aussi une ambulance et une camionnette bleue ornée du logo de l'*Oxford Times*. Un homme efflanqué, des boucles grises lui barrant le front, m'arrêta alors que je m'apprêtais à descendre l'escalier menant à ma chambre ; il tenait à la main un petit magnétophone et un carnet de notes. Avant qu'il n'ait eu le temps de se présenter, l'inspecteur Petersen se pencha à la fenêtre ouverte sur la galerie et me fit signe de m'approcher.

— Je préférerais que vous ne mentionniez pas Seldom, me souffla-t-il à voix basse. Nous n'avons donné que votre nom à la presse, comme si vous étiez seul quand vous avez découvert le cadavre.

J'acquiesçai et revins vers l'escalier. Tandis que je répondais aux questions, je vis un taxi se garer. Beth en descendit avec son violoncelle et passa tout près sans nous prêter attention. Elle fut obligée de décliner son identité au policier posté devant la porte pour qu'on l'autorise à entrer.

— Voilà donc la jeune fille, dit le journaliste en jetant un coup d'œil sur sa montre. Il faudra aussi que je lui parle, j'ai bien l'impression que mon dîner est fichu. Un dernier point : qu'est-ce qu'il vous a dit, Petersen, là, tout de suite, quand il vous a appelé ?

J'eus un bref instant d'hésitation avant de lui répondre.

— Qu'il devrait peut-être m'embêter demain avec quelques questions supplémentaires.

— Ne vous inquiétez pas, ils ne vous soupçonnent pas.

J'éclatai de rire.

— Et qui soupçonnent-ils ?

— Je ne sais pas : la jeune fille, j'imagine. Rien de plus normal, n'est-ce pas ? C'est elle qui va récupérer l'argent et la maison.

— J'ignorais que Mrs. Eagleton avait de l'argent.

— Juste la pension pour héros de la guerre. Ça ne représente pas une fortune, mais pour une femme seule…

— Mais Beth n'était pas déjà en train de répéter à l'heure du crime ?

L'homme feuilleta son carnet.

— Voyons : la mort a eu lieu entre deux et trois heures, selon le rapport du médecin légiste. Il y a une voisine qui l'a croisée quand elle sortait pour se rendre au Sheldonian un peu après deux heures. Je viens d'appeler le théâtre : la fille est arrivée ponctuellement pour la répétition à deux heures et demie. Mais il reste toujours ces quelques minutes avant son départ. Elle était chez elle, elle a donc pu le faire, et c'est la seule à en profiter.

— C'est ce que vous allez insinuer dans votre article ? dis-je d'un ton indigné.

— Pourquoi pas ? C'est plus intéressant qu'attribuer le meurtre à un voleur, et recommander aux maîtresses de maison de garder les portes fermées. Je vais essayer de lui parler, maintenant. (Il m'adressa un sourire bref et malicieux.) Lisez mon article, demain.

Je gagnai ma chambre et ôtai mes chaussures sans allumer la lumière, puis je m'étendis sur le lit, un bras sur les yeux. Je m'efforçai une fois de plus de reconstituer, en pensée, le moment où j'étais entré avec Seldom dans la maison, la séquence entière de nos actes, mais il ne semblait y avoir rien d'autre : rien, du moins, de ce que Seldom paraissait chercher. Je ne revis, dans tout son réalisme, que le mouvement disloqué du cou et de la tête de Mrs. Eagleton lorsqu'elle avait dû s'effondrer, les yeux ouverts et terrifiés. J'entendis le moteur d'une automobile qui démarrait ; je me redressai sur mes coudes pour regarder par la fenêtre. On sortait le cadavre de

Mrs. Eagleton sur un brancard et on le hissait dans l'ambulance. Les deux policiers allumèrent les phares de leur véhicule et, en manœuvrant pour partir, les cônes de lumière jaune projetèrent une succession d'ombres fantasmagoriques et fuyantes sur les murs des maisons. La camionnette de l'*Oxford Times* n'était plus là. Quand le petit cortège d'automobiles eut disparu dans le premier virage, le silence et l'obscurité du chemin me semblèrent pour la première fois accablants. Je me demandai ce que Beth pouvait bien faire, seule dans la maison. J'allumai la lampe et vis sur mon bureau les articles d'Emily Bronson avec certaines de mes notes en marge. Je me préparai un café puis m'assis, dans l'intention de reprendre mon travail là où je l'avais laissé. J'étudiai pendant plus d'une heure, sans beaucoup avancer. Je ne parvenais pas à obtenir non plus cet apaisement bref et miséricordieux, ce baume intellectuel singulier, ce semblant d'ordre dans le chaos qui naît de l'analyse progressive d'un théorème. J'entendis soudain ce qui me parut être des coups amortis sur la porte. Je repoussai ma chaise en arrière et attendis un peu. Les coups se répétèrent, plus nets. J'ouvris, je distinguai dans l'obscurité le visage confus et un peu honteux de Beth. Elle était vêtue d'un déshabillé violet et chaussée de mules, les cheveux seulement retenus devant par un bandeau, comme si quelque chose l'avait jetée hors du lit. Je la fis entrer et elle demeura près de la porte, les bras croisés et les lèvres un peu tremblantes.

— Je peux te demander un service ? Juste cette nuit, dit-elle, la voix entrecoupée. Je ne réussis pas à dormir, là-haut… Je pourrais rester jusqu'à demain ?

— Bien sûr que oui. Je vais déplier le fauteuil : tu dormiras dans mon lit.

Elle me remercia, soulagée, puis se laissa tomber sur une des chaises. Elle regarda tout autour, un peu ahurie, aperçut les feuilles de papier éparpillées sur la table.

— Tu étais en train de travailler, reprit-elle. Je ne voudrais pas t'interrompre.

— Non, non, répondis-je, j'allais faire une pause, moi aussi, j'étais incapable de me concentrer. Je t'offre un café ?

— Un thé, ce sera parfait.

Nous restâmes silencieux, tandis que je chauffais de l'eau et essayais de trouver la formule de condoléances adéquate. Mais ce fut elle qui parla d'abord.

— On m'a dit que c'est toi qui l'as découverte… ç'a dû être horrible. Moi aussi, on m'a forcée à la voir : il a fallu que j'identifie le cadavre. Mon Dieu ! ajouta-t-elle. (Son regard devint transparent, d'un bleu délavé et flou.) Personne n'avait pris soin de lui fermer les yeux.

Elle tourna la tête et la redressa un peu de côté, comme si elle avait voulu retenir ses larmes.

— Vraiment je regrette beaucoup, murmurai-je. Je sais ce que tu dois éprouver.

— Non, je ne crois pas que tu le saches, ni toi ni quiconque. J'attendais cela depuis longtemps. Depuis des années. Même si c'est affreux de l'avouer, dès que j'ai appris qu'elle avait un cancer. J'imaginais que ça se passerait comme ça, que quelqu'un m'apprendrait la nouvelle au milieu d'une répétition. Je suppliais le Ciel que ça se passe ainsi, que je ne sois même pas obligée de la voir quand on l'emmènerait. Mais l'inspecteur a voulu que je l'identifie. On ne lui avait pas fermé les yeux ! répéta-t-elle dans un sanglot, comme si l'on avait commis une injustice inconcevable. Je me suis approchée d'elle sans pouvoir la regarder ; je craignais qu'elle ne me fasse encore du mal, en quelque sorte, qu'elle puisse m'entraîner, qu'elle ne me lâche pas. Et je crois qu'elle y est arrivée. On me soupçonne, dit-elle, abattue. Petersen m'a posé une quantité innombrable de questions, avec ses manières faussement respectueuses, et puis il y a eu cet homme horrible du journal, qui ne s'est même pas donné la peine de le cacher. Je leur ai révélé la seule chose que je savais : qu'au moment où je suis partie elle dormait, à côté du plateau de Scrabble. Mais je sens que je n'aurai pas la force de me défendre. Je suis celle qui souhaitait le plus sa mort, beaucoup plus, j'en suis sûre, que la personne qui l'a tuée.

Elle paraissait dans un état de surexcitation extrême; ses mains tremblaient irrépressiblement et, en remarquant mon regard, elle les cacha sous ses aisselles.

— En tout cas, dis-je, tout en lui tendant la tasse avec le sachet de thé, je ne crois pas que Petersen pense vraiment à toi : ils savent quelque chose d'autre, qu'ils n'ont pas voulu ébruiter. Le professeur Seldom ne t'a rien dit ?

Elle fit non de la tête et je regrettai de ne pas avoir su tenir ma langue. Mais je vis ses yeux bleus, dans l'expectative, comme s'ils redoutaient encore de laisser filtrer une lueur d'espoir, et je décidai que l'indiscrétion latine pouvait être plus miséricordieuse que la réserve britannique.

— Je ne peux te révéler que ceci, car on nous a demandé de garder le secret : celui qui l'a tuée a déposé un message dans le casier de Seldom. Y étaient indiquées l'adresse de la maison et l'heure aussi : trois heures de l'après-midi.

— Trois heures, répéta-t-elle lentement, comme si elle était peu à peu libérée d'un poids énorme. À cette heure-là, j'étais déjà en pleine répétition.

Elle esquissa un sourire craintif; on aurait dit qu'elle commençait à remporter une bataille longue et difficile. Elle but une gorgée de thé, me regarda avec gratitude par-dessus sa tasse.

— Beth (sa main se trouvait tout près de la mienne, et je réprimai mon envie de la toucher), à propos de ce que tu m'as dit avant… si je peux t'aider en quoi que ce soit, pour les formalités de l'enterrement ou pour n'importe quoi d'autre, n'hésite pas à me le demander. Le professeur Seldom ou Michael te l'ont sans doute déjà proposé, mais…

— Michael ? (Elle eut un rire bref.) Je ne crois pas que je puisse compter beaucoup sur lui, tout cela le terrifie.

Et elle ajouta avec une note de mépris, comme si elle décrivait une espèce particulièrement lâche :

— C'est un homme marié.

Elle se leva et s'approcha du lavabo avant que j'aie pu l'en empêcher, pour y rincer sa tasse.

— Mais je suppose, en revanche, que je peux toujours faire appel à l'oncle Arthur. C'était une des choses que me disait souvent ma mère. J'imagine que c'était la seule qui savait comment était vraiment la sorcière sous le masque. Elle me répétait que si je me retrouvais seule et que si j'avais besoin d'aide, je devais m'adresser à l'oncle Arthur. « À condition de réussir à l'arracher à ses formules ! » affirmait-elle. C'est une sorte de génie mathématique, n'est-ce pas ? me demanda-t-elle avec une vague nuance de fierté.

— L'un des plus grands.

— Oui, c'est ce que prétendait ma mère. Avec le recul, je suppose qu'elle était sans doute un peu amoureuse de lui en secret. Elle était toujours dans l'attente des visites de l'oncle Arthur. Mais il vaut mieux que je me taise une bonne fois, avant de te raconter tous mes secrets.

— Ce serait amusant, dis-je.

— *Qu'est-ce qu'une femme sans secrets ?*

Elle ôta son bandeau, qu'elle posa sur la table de chevet, puis rejeta ses cheveux en arrière à l'aide de ses deux mains, en les soulevant un peu avant de les relâcher derrière la tête.

— Oh, ne fais pas attention, reprit-elle, ce sont les paroles d'une vieille chanson galloise.

Elle s'approcha du lit et repoussa l'édredon. Elle porta ses mains au col de son déshabillé.

— Retourne-toi un instant, j'aimerais l'enlever.

Je me dirigeai avec ma tasse vers le lavabo. Lorsque j'eus fermé le robinet et que l'eau eut cessé de couler, je restai encore un moment de dos. Je l'entendis prononcer mon nom, avec un effort touchant, trébuchant sur le double *l*. Elle s'était glissée dans le lit et sa chevelure se répandait voluptueusement sur l'oreiller. L'édredon la recouvrait presque jusqu'au cou, mais elle avait laissé un de ses bras dehors.

— Peux-tu me rendre un dernier service ? C'est quelque chose que faisait ma mère quand j'étais petite. Tu me donnes la main jusqu'à ce que je m'endorme ?

— Bien sûr, dis-je.

J'éteignis la lampe et vins m'asseoir au bord du lit. La lumière de la lune entrait faiblement par la fenêtre, du haut du plafond, et éclairait son bras nu.

Je posai ma paume sur la sienne et nos doigts s'entremêlèrent en même temps. Sa main était chaude et sèche. J'observai de plus près la peau douce du dos de la main et les doigts longs, aux ongles courts et fermes, qui s'étaient abandonnés en toute confiance aux miens. Une chose m'avait intrigué. Je tournai doucement mon poignet pour observer son pouce de l'autre côté. Il s'agissait bien du pouce, mais il était tout petit, d'une finesse étonnante, comme s'il appartenait à une autre main, la main d'une enfant, d'une petite fille. Je remarquai qu'elle ouvrait les yeux et me regardait. Elle voulut retirer sa main, mais je la serrai plus fort et je caressai avec mon propre pouce son pouce minuscule.

— À présent, tu connais le pire de mes secrets, avoua-t-elle. Je suce encore mon pouce la nuit.

6.

Le lendemain matin, à mon réveil, Beth était déjà partie. Je regardai, un peu perplexe, la douce forme creusée par son corps dans le lit et je tendis la main pour chercher ma montre : il était dix heures du matin. Je me levai d'un bond ; j'avais rendez-vous avec Emily Bronson à l'Institut avant midi et je n'avais pas encore lu ses travaux. J'éprouvai une sensation bizarre en rangeant dans le sac ma raquette et mes affaires de tennis. On était jeudi et mon match de l'après-midi s'inscrivait toujours dans le cours normal de mes occupations. Avant de sortir, je jetai un nouveau coup d'œil déçu sur le bureau et le lit. J'aurais aimé trouver ne serait-ce qu'un petit mot, quelques lignes de Beth, et je dus me demander si cette disparition soudaine sans message ne constituait pas précisément le message.

La matinée était tiède et sereine, et la journée de la veille paraissait lointaine et vaguement irréelle.

Pourtant, lorsque je sortis dans le jardin de Mrs. Eagleton, celle-ci n'était pas là à soigner les parterres de fleurs. Avant d'arriver à l'Institut, je passai devant l'un des kiosques de Woodstock Road et y achetai un *donut* et le journal. Dans mon bureau, j'allumai la cafetière électrique, ouvris le journal sur la table. La nouvelle se trouvait en haut de la page des faits divers locaux, en gros titre : *Assassinat d'une héroïne de la guerre.* En dessous il y avait la photo d'une Mrs. Eagleton juvénile et méconnaissable, ainsi qu'une autre de la façade de la maison avec la barrière et les voitures de police garées devant. L'article principal mentionnait que le cadavre avait été découvert par un locataire, un Argentin étudiant en mathématiques, et que la dernière personne à avoir aperçu la veuve vivante était son unique petite-fille, Elizabeth. Il n'y avait rien dans ce récit que je ne connusse déjà ; l'autopsie, réalisée aux dernières heures de la nuit, n'avait, semble-t-il, apporté aucun élément nouveau. L'enquête policière était évoquée dans un entrefilet non signé. Je reconnus aussitôt, sous l'apparente impersonnalité du style, le ton insidieux du journaliste qui m'avait interviewé. Il y affirmait que la police tendait à écarter l'hypothèse d'un crime commis par un rôdeur, bien que la porte d'entrée fût dépourvue de clef. Rien n'avait été déplacé ou volé dans la maison. Il paraissait y avoir une piste, au sujet de laquelle l'inspecteur Petersen gardait le secret. Le chroniqueur était en mesure d'avancer que cette piste pourrait incriminer des « membres du cercle familial le plus intime de Mrs. Eagleton ». Puis d'ajouter immédiatement que la famille directe de Mrs. Eagleton se réduisait à Beth, laquelle allait hériter d'une « modeste fortune ». En tout cas, concluait l'article, tant qu'il n'y aurait rien de nouveau, l'*Oxford Times* s'unissait aux recommandations de l'inspecteur Petersen pour inciter les maîtresses de maison à oublier le bon vieux temps et à fermer leurs portes à clef, à toute heure du jour et de la nuit.

Je tournai les pages à la recherche de la rubrique nécrologique ; une longue liste de noms se joignait au deuil. Il y avait un faire-part de décès de l'Association britannique de Scrabble et un autre de l'Institut de mathématiques, où figuraient Emily Bronson et Seldom. Je déchirai la page et la glissai dans l'un des tiroirs de ma table. Je me servis une autre tasse de café avant de me plonger deux heures durant dans les articles de ma directrice. À une heure je descendis dans son bureau et la trouvai en train de déjeuner d'un sandwich, une serviette en papier posée sur les livres. Elle poussa un petit cri de joie quand j'ouvris la porte, comme si je revenais sain et sauf d'une expédition remplie de dangers. Nous parlâmes du crime pendant quelques minutes ; je lui racontai tout, hormis la présence de Seldom. Elle semblait vraiment consternée et un peu inquiète pour moi. Elle me demanda si la police ne m'avait pas trop embêté. Ils pouvaient se conduire d'une façon très désagréable avec les étrangers, m'avoua-t-elle. On aurait dit qu'elle allait s'excuser de m'avoir suggéré cette location. La conversation se poursuivit un instant, tandis qu'elle terminait son sandwich. Elle le mangeait en le tenant des deux mains et à toutes petites bouchées, comme une succession de coups de bec.

— J'ignorais qu'Arthur Seldom était à Oxford, dis-je à un moment donné.

— En fait, je crois qu'il n'en est jamais parti ! répondit Emily avec un sourire. Arthur est de mon avis, il pense qu'avec un peu de patience tous les mathématiciens finissent par venir en pèlerinage à Oxford. Il occupe un poste permanent au Merton. Bien qu'il soit plutôt discret, c'est vrai. Tu l'as rencontré où ?

— J'ai découvert son nom dans le faire-part de l'Institut, dis-je prudemment.

— Si ça t'intéresse, je pourrais me débrouiller pour que tu fasses sa connaissance. Je crois qu'il parle très bien espagnol. Sa première femme était argentine. Elle travaillait au musée Ashmolean, à la restauration de la grande frise assyrienne.

Elle s'interrompit, comme si elle avait commis, sans le vouloir, une petite indiscrétion.

— Et elle… elle est morte ? hasardai-je.

— Oui, il y a très longtemps. Lors de l'accident

où périrent aussi les parents de Beth : ils étaient tous les quatre dans la voiture. Ils étaient inséparables. Ils se rendaient à Clovelly pour le week-end. Arthur est le seul qui en ait réchappé.

Elle replia la serviette et la jeta avec soin dans la corbeille à papier pour ne pas laisser tomber les miettes. Elle avala une gorgée de sa bouteille d'eau minérale puis ajusta légèrement ses lunettes sur son nez.

— Eh bien ? dit-elle en essayant de me fixer droit dans les yeux, de son regard d'un bleu passé, presque blanchâtre, il t'est resté un peu de temps pour lire mes travaux ?

Quand je quittai l'Institut avec ma raquette, il était deux heures de l'après-midi. Pour la première fois, la chaleur était accablante et les rues étaient comme endormies sous le soleil estival. Je vis tourner lentement, devant moi, avec la lourdeur d'une chenille, l'un des bus rouges à deux étages de l'Oxford Guide Tours ; il était rempli de touristes allemands, affublés de visières et de casquettes pour se protéger du soleil. Ceux-ci faisaient de grands gestes enthousiastes en direction du bâtiment rouge de Keble College. Des étudiants improvisaient des pique-niques sur l'herbe, dans le parc universitaire. J'éprouvai un brusque sentiment d'incrédulité, comme si la mort de Mrs. Eagleton appartenait désormais au passé. Des crimes imperceptibles, avait dit Seldom. Mais, au fond, tout crime, toute mort, remuait à peine la surface et devenait bientôt imperceptible. Moins de vingt-quatre heures s'étaient écoulées. Rien ne paraissait en avoir été affecté. N'allais-je pas moi-même, comme tous les jeudis, à mon match de tennis ? J'observai malgré tout un calme inhabituel en empruntant le chemin en pente qui débouchait sur le Marston. On aurait dit que de minuscules changements commençaient à s'opérer secrètement. On n'entendait que le martèlement régulier et solitaire d'une balle contre le mur, et son écho agrandi et vibrant. Les voitures de John et de Sammy ne se trouvaient pas sur le parking, mais je découvris la Volvo rouge de Lorna garée sur le gazon, contre le grillage de l'un des courts de tennis. Je fis le tour des vestiaires ; elle était là, exerçant son revers contre le mur avec une fureur concentrée. Même à distance, je pouvais apercevoir la ligne harmonieuse de ses jambes, fermes et fines, que laissait voir sa jupe très courte, et la façon dont ses seins se tendaient et ressortaient à chaque coup, avec le mouvement giratoire de la raquette. Elle attrapa la balle pendant que je m'approchais d'elle et eut une espèce de sourire intérieur.

— J'ai cru que tu ne viendrais plus, me dit-elle.

Elle se sécha le front du dos de la main, me décocha un baiser rapide sur la joue. Elle me regarda, intriguée, l'air de vouloir me demander quelque chose, comme si nous participions à un complot, l'un et l'autre dans le même camp mais sans connaître très bien nos rôles respectifs.

— Qu'est-ce qui est arrivé à John et Sammy? demandai-je.

— Je l'ignore, répondit-elle, et elle ouvrit de grands yeux verts innocents. Je pensais que tu le saurais, toi. Personne ne m'a appelée. J'imaginais déjà que vous vous étiez mis d'accord tous les trois pour me laisser seule.

J'allai au vestiaire et me changeai rapidement, un peu surpris de cette chance inespérée. Tous les courts étaient vides; Lorna m'attendait devant la porte grillagée. Je soulevai le verrou et lorsque Lorna passa devant moi, elle se retourna pour me regarder à nouveau, indécise. Elle finit par me dire, incapable de se retenir davantage :

— J'ai lu l'article dans le journal, au sujet de l'assassinat. (Ses yeux brillaient avec une lueur qui ressemblait à de l'enthousiasme.) Mon Dieu, je la connaissais (il semblait qu'elle en était encore surprise, ou que cela eût dû servir de protection à la pauvre Mrs. Eagleton), et j'ai aussi rencontré de temps en temps sa petite-fille à l'hôpital. C'est vrai que c'est toi qui as découvert le cadavre?

J'acquiesçai, tout en sortant la raquette de son étui.

— Tu me raconteras après?

— J'ai promis de ne rien révéler, répondis-je.

— Vraiment ? Alors ça devient beaucoup plus excitant. J'étais sûre qu'il y avait quelque chose d'autre ! s'exclama-t-elle. Ce n'est pas sa petite-fille, n'est-ce pas ? Je te préviens (elle appuya un doigt sur ma poitrine), tu ne peux pas avoir de secrets pour ta partenaire favorite de doubles : tu vas être obligé de tout me dire.

J'éclatai de rire, puis lui tendis une balle par-dessus le filet. Dans le silence du club désert, nous commençâmes à nous renvoyer des coups longs et puissants. Il y a peut-être quelque chose de plus agréable qu'un point très disputé, au tennis, et ce sont précisément ces exercices d'échauffement, effectués du fond du court, où il s'agit, au contraire, de tenir l'échange, de garder la balle en jeu le plus longtemps possible. Lorna maîtrisait admirablement le drive et le revers et elle résistait, s'arc-boutait sur la ligne jusqu'à pouvoir regagner assez de terrain pour tourner son revers et contre-attaquer du coin du court, avec un coup croisé. Nous faisions en sorte d'expédier la balle à la distance exacte, ni trop loin ni trop près, permettant ainsi à l'adversaire de courir et de la rattraper, et nous accélérions au fur et à mesure la cadence. Lorna se démenait de plus en plus ; elle se défendait vaillamment et ses chaussures laissaient de longues traînées quand elle glissait d'un bout à l'autre du terrain. Après chaque point elle se replaçait au milieu, reprenait son souffle, puis tirait vers l'arrière, d'un mouvement gracieux, sa queue-de-cheval. Le soleil l'éclairait de face et faisait briller, sous sa jupe, ses jambes longues et bronzées. Nous jouions en silence, concentrés, comme si le résultat devenait peu à peu plus important. Nous ne nous arrêtions que quand la balle était faute. Pendant l'un des points les plus longs, alors qu'elle esquissait le geste de revenir au milieu après un coup très croisé, elle fut prise à contre-pied par une nouvelle balle décochée sur son revers. Je vis son pied se tordre. Elle tomba lourdement de côté et resta étendue sur le dos, la raquette loin du corps. Je m'approchai du filet, un peu inquiet. Je me rendis compte qu'elle n'était pas blessée mais seulement à bout de forces. Elle respirait difficilement, ses bras tendus vers l'arrière, comme si elle était trop exténuée pour se relever. Je sautai par-dessus le filet et me penchai sur elle. Elle me regarda, une étrange lueur miroitait dans ses yeux verts sous le soleil, à la fois moqueuse et dubitative. Alors que je lui soulevais la tête, elle se redressa sur un coude et me passa à son tour un bras autour du cou. Sa bouche se retrouva tout près de la mienne et je sentis le souffle chaud de sa respiration encore haletante. Je baisai ses lèvres ; elle se laissa de nouveau retomber lentement sur le dos, m'attirant sur elle pendant que je l'embrassais. Nous nous séparâmes et nous échangeâmes ce premier regard profond, heureux et un peu surpris des amants. Je l'embrassai encore ; tandis que je la serrais contre moi, je sentis les pointes de ses seins tout contre ma poitrine. Je glissai une main sous son maillot et elle me laissa un instant la caresser, mais elle m'arrêta, effarouchée, lorsque mon autre main s'aventura sous sa jupe.

— Arrête, arrête, murmura-t-elle, en regardant alentour. Dans ton pays, on a l'habitude de faire l'amour sur les courts de tennis ? (Sa main se mêla à la mienne pour me repousser doucement et elle me donna un autre baiser rapide.) Allons chez moi. (Elle se mit debout, arrangeant ses vêtements du mieux qu'elle put et secouant sa jupe pleine de terre.) Va ramasser tes affaires, chuchota-t-elle, je t'attends dans la voiture.

Elle conduisit en silence, souriant à part soi et tournant à peine la tête pour me regarder de temps à autre. À l'un des feux rouges, elle allongea la main et me caressa le visage.

— Mais alors, lui demandai-je un peu après, l'absence de John et Sammy…

— Non, répondit-elle en riant, mais sur un ton un peu moins convaincant que la première fois, je n'y suis pour rien. Est-ce que les mathématiciens ne croient pas aux probabilités ?

Nous nous garâmes dans l'une des rues latérales de Summertown. Nous grimpâmes deux étages, par un petit escalier recouvert d'un tapis ; l'appartement de Lorna était une espèce de mansarde tout en haut d'une grande bâtisse victorienne. Elle me fit entrer et nous échangeâmes un nouveau baiser contre la porte.

— Je vais un moment dans la salle de bains, hein ? me dit-elle, et elle traversa le couloir, vers une porte en verre dépoli.

Je restai seul dans le séjour, regardant autour de moi. Il y régnait un désordre disparate et sympathique : des photos de voyages, des poupées, des affiches de films et beaucoup de livres dans une petite bibliothèque qui, à un moment donné, s'était révélée insuffisante. Je me penchai pour regarder les titres. Rien que des romans policiers. Je jetai un coup d'œil à la chambre ; le lit trônait généreusement, avec un dessus-de-lit qui atteignait presque de chaque côté les murs de la pièce. Sur la table de nuit, il y avait un livre ouvert à l'envers. Je m'approchai, le retournai. Je lus le titre et le nom de l'auteur avec une stupeur glacée : c'était l'ouvrage de Seldom sur les séries logiques. Des annotations illisibles en constellaient les marges. J'entendis la porte de la douche s'ouvrir, puis le frôlement des pieds nus de Lorna dans le couloir et sa voix qui m'appelait. Je remis le livre à sa place et revins dans le séjour.

— Eh bien, me dit-elle depuis la porte, en me laissant voir qu'elle était déjà déshabillée, qu'est-ce que tu attends pour enlever ton pantalon ?

7.

— Il existe une différence entre la vérité et la part de vérité qui peut être démontrée : il s'agit là, en réalité, d'un corollaire de Tarski sur le théorème de Gödel, dit Seldom. Bien entendu, les juges, les médecins légistes ou les archéologues savaient cela bien avant les mathématiciens. Imaginons un crime quelconque avec seulement deux suspects possibles. Chacun d'entre eux détient cette vérité qui nous intéresse : *c'est moi* ou *ce n'est pas moi*. Mais la justice ne peut pas y accéder directement, et elle est obligée de se lancer dans un parcours harassant et tortueux pour accumuler des preuves : autopsie, analyse des bouts de mégots, empreintes digitales, vérification des alibis… Trop souvent, les évidences mises au jour sont incapables de prouver la culpabilité de l'un ou l'innocence de l'autre. Au fond, ce qu'avait montré Gödel, en 1930, avec son théorème de l'incomplétude, c'est qu'il se passe exactement la même chose en mathématiques. Le mécanisme de corroboration de la vérité qui remonte à Aristote et à Euclide, l'orgueilleuse machinerie qui, à partir d'affirmations véridiques, de principes irréfutables, avance, en empruntant une voie strictement logique, vers la thèse, ce que nous appelons, en un mot, la méthode axiomatique, tout cela peut se révéler aussi insuffisant que les fragiles critères utilisés par la justice dans son approximation. Gödel a démontré que, même au niveau le plus élémentaire de l'arithmétique, on trouve des énoncés qui ne sont ni démontrables ni réfutables à partir des axiomes, qui se situent hors de portée de ces mécanismes formels, et qui se moquent de toute tentative de démonstration, énoncés sur lesquels aucun juge ne serait en mesure de se prononcer, d'en déterminer la vérité ou la fausseté, la culpabilité ou l'innocence. La première fois que j'ai étudié ce théorème, je n'étais pas encore diplômé et j'avais Eagleton pour tuteur; ce qui m'avait surtout semblé bizarre, c'était le fait que les mathématiciens se soient débrouillés aussi parfaitement, sans états d'âme, et durant si longtemps, avec une intuition si radicalement fausse. Qui plus est, la plupart avaient cru, au début, que c'était Gödel qui avait commis une erreur, et que bientôt quelque faille apparaîtrait dans sa démonstration; Zermelo alla même jusqu'à abandonner ses travaux pour consacrer deux années entières de sa vie à essayer d'invalider cette démonstration. C'était la première question que je m'étais posée : pour quelle raison les mathématiciens ne butent-ils pas, et n'ont-ils pas buté pendant des siècles, contre aucun de ces énoncés indicibles ? Pourquoi même après Gödel, aujourd'hui encore, les mathématiques peuvent-elles aller de l'avant, comme si de rien n'était, dans tous les domaines ?

Nous étions restés pratiquement seuls, assis à la longue table des *fellows*, à Merton College. Devant nous étaient accrochés, en une rangée austère, les portraits des hommes éminents qui avaient été, à un moment ou à un autre de leur vie, étudiants du *college*. Sur les plaques de bronze fixées en bas des tableaux je n'avais reconnu que le nom de T. S. Eliot. Les serveurs ramassaient discrètement autour de nous les assiettes des professeurs qui étaient déjà partis en cours. Seldom récupéra son verre d'eau avant qu'il n'eût été enlevé et il avala une longue gorgée, puis il reprit :

— À cette époque, j'étais un communiste plutôt fervent et il y avait une phrase de Marx qui m'impressionnait beaucoup, je suppose qu'elle était tirée de *L'Idéologie allemande*, et qui affirmait que l'humanité, considérée d'un point de vue historique, ne se pose que les questions auxquelles elle est capable de répondre. Pendant un certain temps, j'ai pensé que là se trouvait en germe une explication éventuelle : peut-être que dans la pratique les mathématiciens formulaient seulement les problèmes dont ils avaient la solution d'une façon plus ou moins partielle. Bien sûr, pas pour se faciliter inconsciemment la tâche, mais parce que l'intuition mathématique – et c'était mon hypothèse – était indissolublement liée aux méthodes de vérification, orientée d'une façon, disons, kantienne, vers ce qui est ou bien démontrable, ou bien réfutable. Car les mouvements du cavalier, aux échecs, qui correspondent aux opérations mentales de l'intuition, n'étaient pas, comme on l'imagine souvent, des illuminations dramatiques, mais plutôt de modestes raccourcis de ce qui peut être toujours atteint, au bout du compte, par une démonstration, si lente soit-elle. Ce fut alors que je fis la connaissance de Sarah, la maman de Beth. Sarah avait commencé des études de physique ; elle était déjà fiancée à Johnny, le fils unique des Eagleton ; nous allions toujours tous les trois ensemble jouer au bowling et nager. Sarah avait été la première à me parler du principe d'incertitude en physique quantique. Vous savez bien entendu à quoi je fais allusion : les formules claires et abondantes qui régissent les phénomènes physiques à grande échelle, par exemple la mécanique céleste, ou le choc des planètes, tout cela n'a plus aucune valeur dans le monde subatomique de l'infiniment petit, où tout devient infiniment plus complexe et où surgissent même, de nouveau, des paradoxes logiques. Cela me fit changer complètement de direction. Le jour où elle me parla du principe d'Heisenberg fut une journée bizarre, à bien des égards. Je crois que c'est le seul jour de ma vie dont je pourrais recréer chaque instant, heure par heure. À peine l'avais-je écoutée que j'eus l'intuition – le mouvement du cavalier, en quelque sorte – qu'il se produisait exactement le même genre de phénomène en mathématiques, et que tout se réduisait, au fond, à une question d'échelles. Les énoncés indicibles découverts par Gödel devaient correspondre à un type de monde subatomique, aux dimensions infinitésimales, en dehors de la visibilité mathématique habituelle. Il ne me restait qu'à définir la bonne notion d'échelle. Ce que je parvins à prouver, fondamentalement, c'est que si une interrogation mathématique peut être formulée à l'intérieur de la même « échelle » que les axiomes, alors elle se situera dans le monde habituel des mathématiciens et aura donc une démonstration ou une réfutation. Mais si sa formulation exige une échelle différente, elle risque d'appartenir à ce monde immergé, infinitésimal, quoique partout latent, de ce qui n'est ni démontrable ni réfutable. Il va de soi que la partie la plus ardue du travail, celle qui a occupé trente années de ma vie, ce fut de montrer ensuite que toutes les questions et les conjectures formulées depuis Euclide jusqu'à aujourd'hui par les mathématiciens peuvent être réécrites à des échelles correspondant aux systèmes d'axiomes considérés. Ce que j'ai prouvé, en définitive, c'est que les mathématiques habituelles, toutes les mathématiques que produisent jour après jour nos vaillants collègues, appartiennent à l'ordre « visible » du macroscopique.

— Mais je suppose que ce n'est pas un hasard, l'interrompis-je.

J'étais en train d'essayer de relier les résultats que j'avais moi-même exposés au cours du séminaire à ce que j'écoutais à présent, et de découvrir quelle place leur revenait dans cette grande figure que Seldom traçait pour moi.

— Non, bien entendu. Mon hypothèse est que cela a à voir avec l'esthétique qui s'est propagée d'une époque à l'autre et qui a été, pour l'essentiel, invariable. Il n'y a pas un conditionnement kantien, mais à coup sûr une esthétique de simplicité et d'élégance qui gouverne également la formulation de conjectures ; les mathématiciens considèrent que la beauté d'un théorème exige certaines proportions divines entre la simplicité des axiomes au point de départ, et la simplicité de la thèse à l'arrivée. Le laborieux, l'ennuyeux, a toujours été réservé au chemin situé entre les deux, à la démonstration. Eh bien voilà, tant que cette esthétique restera en place, il n'y a aucune raison pour qu'apparaissent « naturellement » des énoncés indicibles.

Le serveur était revenu avec un pot de café et, même après que nos deux tasses eurent été remplies, Seldom resta un moment silencieux, comme doutant que j'eusse réussi à le suivre dans ses explications, ou bien un peu honteux d'avoir tellement parlé.

— J'ai surtout été frappé par certains de vos résultats, lui dis-je, et je les ai d'ailleurs moi-même présentés à Buenos Aires ; je veux parler des corollaires que vous avez publiés un peu plus tard sur les systèmes philosophiques.

— Au fond, ce fut beaucoup plus facile, reprit Seldom. C'est le prolongement plus ou moins évident du théorème d'incomplétude de Gödel : tout système philosophique ayant comme point de départ des principes premiers aura une portée nécessairement limitée. Croyez-moi, ce fut infiniment plus simple de percer à jour tous les systèmes philosophiques que cette unique matrice de pensée à laquelle les mathématiciens se sont raccrochés depuis toujours. Tout simplement parce que n'importe quel système philosophique pèche par ambition. C'est finalement un problème d'équilibre : dis-moi combien tu veux savoir et je te dirai avec combien de certitude tu pourras l'affirmer. Au bout du compte, quand tout a été terminé, et que j'ai de nouveau regardé en arrière, trente ans après, il m'a semblé que cette idée initiale que m'avait suggérée la phrase de Marx n'était pas si erronée. Comme disent les Allemands, elle s'était tout à la fois retrouvée supprimée et contenue à l'intérieur du théorème. C'est exact, le chat n'analyse pas simplement la souris : il l'analyse dans l'intention de la manger. Mais il est également vrai que le chat n'analyse pas tous les animaux en termes de future nourriture, il n'aime que les souris. De la même façon, le raisonnement historique mathématique est guidé par un critère, mais ce critère n'est au fond qu'une esthétique. À mes yeux, cela se révélait être une substitution intéressante et inattendue par rapport au besoin et aux a priori kantiens. Une condition moins rigide, et peut-être plus élusive, mais qui était assez consistante, ainsi que l'avait montré mon théorème, pour pouvoir encore dire quelque chose et séparer le bon grain de l'ivraie. Vous voyez, sourit Seldom, ce n'est pas tellement facile de se libérer de cette esthétique : nous, les mathématiciens, nous voulons toujours avoir l'impression que nos propos ont du sens. En tout cas, depuis lors je me suis consacré à l'étude de ce que j'appelle l'esthétique des raisonnements dans d'autres domaines. J'ai commencé, comme toujours, par ce qui me paraissait être le modèle le plus simple ou, du moins, le plus proche : la logique des enquêtes criminelles. L'analogie avec le théorème de Gödel me semblait vraiment frappante. Dans tout crime, il y a indéniablement une notion de vérité, une unique explication véridique parmi toutes celles qui sont possibles ; d'un autre côté, il existe aussi des indices matériels, des faits incontestables, ou qui se situent au moins, comme dirait Descartes, au-delà de tout doute raisonnable : il s'agirait là des axiomes. Mais alors nous voilà déjà en terrain connu. Qu'est-ce que l'enquête criminelle, sinon ce vieux jeu de toujours consistant à formuler des hypothèses, des explications possibles qui épousent les faits, et à essayer de les démontrer ? Je me mis à relire systématiquement des histoires de crimes réels, j'étudiai les dossiers adressés aux juges par les procureurs, j'analysai la façon d'évaluer les évidences et de structurer les verdicts de culpabilité ou d'acquittement dans les cours de justice. Je lus de nouveau, comme pendant mon adolescence, des centaines et des centaines de romans policiers. Je commençai à découvrir bientôt une multitude de petites différences intéressantes, l'esthétique propre à l'enquête criminelle. Et aussi des erreurs, je veux parler des erreurs théoriques de la criminalistique, peut-être beaucoup plus passionnantes.

— Des erreurs ? Quel genre d'erreurs ?

— Bon, la première, la plus évidente, est la surévaluation de l'évidence physique. Songeons seulement à la situation actuelle, à cette enquête. Vous vous rappelez que Petersen a envoyé un officier récupérer ce billet que moi j'avais vu. C'est là que réapparaît cette fracture caractéristique et infranchissable entre le vrai et le démontrable. En effet, il est exact que j'ai vu le billet, mais c'est une part de vérité à laquelle eux ne peuvent accéder. Mon témoignage n'est pas d'une grande utilité pour leurs protocoles, il n'a pas la même force qu'un petit bout de papier. Eh bien, cet officier,

Wilkie, a rempli sa mission le plus consciencieusement possible. Il a interrogé Brent et lui a fait préciser plusieurs fois tous les détails. Brent se souvenait parfaitement de la feuille pliée en deux au fond de ma corbeille, mais, bien sûr, l'idée de la lire ne lui avait pas du tout traversé l'esprit. Il s'est également rappelé que j'étais venu lui demander s'il existait une façon de récupérer cette feuille, et il lui a répété ce qu'il m'a répondu à moi : il avait vidé la corbeille dans l'un des sacs presque pleins, qu'il avait sortis peu après dans la cour. Quand Wilkie est arrivé à Merton College, le camion des poubelles était passé depuis près d'une demi-heure. Petersen s'est alors livré à une dernière tentative : il a envoyé une voiture de patrouille pour essayer d'intercepter le camion dans sa tournée. Mais il semblerait que le véhicule possède un système permanent pour compacter les détritus, ce qui a littéralement réduit en bouillie le dernier espoir de retrouver le billet. Hier, on m'a appelé afin que je décrive l'écriture au dessinateur, et j'ai pu observer que Petersen était mortifié. C'est sans doute le meilleur inspecteur que nous ayons eu depuis longtemps, j'ai réussi à avoir accès aux notes complètes de plusieurs de ses affaires. Il est minutieux, exhaustif, implacable. Mais il reste un inspecteur, autrement dit, il est formé d'après les protocoles. J'ai presque pu suivre ses déductions mentales. Malheureusement, ces gens-là se laissent guider par le principe du rasoir d'Ockham : tant qu'il n'existe pas d'évidences physiques, ils préfèrent toujours les hypothèses simples à celles qui sont plus compliquées. C'est la seconde erreur. Pas seulement parce que la réalité est le plus souvent naturellement compliquée, mais, surtout, parce que si l'assassin est vraiment intelligent, et qu'il a préparé son crime avec un certain soin, il laissera au vu de tous une explication simple, un rideau de fumée, à la manière d'un illusionniste quittant la scène. Néanmoins, dans cette logique mesquine visant à économiser les hypothèses, c'est l'autre raisonnement qui l'emporte : à quoi bon faire une supposition étrange et hors du commun, par exemple celle d'un criminel mû par des motivations intellectuelles, si l'on a sous la main des explications peut-être plus immédiates ? J'ai presque pu sentir physiquement comment Petersen reculait et révisait ses hypothèses. Je crois qu'il se serait mis à me soupçonner moi aussi, s'il n'avait déjà vérifié que j'avais reçu mes étudiants en doctorat de une heure à trois heures. Je suppose qu'il a dû également contrôler votre déclaration.

— Oui ; moi, j'étais à la bibliothèque Bodléienne. Je sais qu'on est venu hier se renseigner sur moi. Par chance, la bibliothécaire se souvenait parfaitement de mon accent.

— Vous consultiez des ouvrages à l'heure du crime ? (Seldom ouvrit de grands yeux ironiques.) Pour une fois que le savoir nous libère vraiment.

— Vous estimez donc que Petersen va se lancer aux trousses de Beth ? Elle était atterrée, hier, après l'interrogatoire. Elle pense que Petersen la serre de près.

Seldom resta un instant songeur.

— Non, je ne crois pas que Petersen soit aussi obtus. Mais vous voyez les dangers du rasoir d'Ockham ? Imaginez un moment que l'assassin, où qu'il soit, décide à présent qu'il n'a finalement pris aucun plaisir à tuer, ou que ce divertissement est tombé à l'eau à cause de l'épisode du sang et de l'intervention de la police, imaginez que, pour une raison quelconque, il décide de se retirer de la scène. Alors oui, il me semble que dans ce cas Petersen se jetterait sur elle. J'ai appris qu'il l'a de nouveau interrogée ce matin, mais ce peut être un simple stratagème, presque une forme de provocation : agir comme si on ne savait vraiment rien du meurtrier, comme s'il s'agissait d'une affaire banale, un crime familial, ainsi que le suggère le journal.

— Mais vous, vous ne pensez pas réellement que le criminel va abandonner la partie ? demandai-je.

Seldom parut considérer ma question plus sérieusement que je ne l'espérais.

— Non, sans doute pas, finit-il par répondre. Il s'efforcera seulement d'être plus… imperceptible, comme nous disions avant. Vous avez quelque chose à faire, maintenant ? (Il regarda l'horloge du réfectoire.) L'horaire des visites au Radcliffe Hospital commence à cette heure-ci, j'y vais. Si vous voulez m'accompagner, j'aimerais vous présenter à quelqu'un.

8.

Nous sortîmes par une galerie pourvue d'arcades en pierre qui longeait le *college* par-derrière. Nous traversâmes une rue et tournâmes dans ce qui me parut être, au début, une fente au milieu des immeubles, comme si un coup d'épée avait ouvert une brèche profonde et surnaturelle entre les bâtiments.

— Par là, nous prenons un raccourci, dit Seldom.

Il marchait vite, juste devant moi, parce que le passage était trop étroit pour nous deux. Nous débouchâmes sur un sentier le long de la rivière.

— J'espère que les hôpitaux ne vous impressionnent pas trop, reprit-il. Le Radcliffe peut paraître un peu déprimant. Il a sept étages. Vous connaissez peut-être cette nouvelle d'un écrivain italien, Dino Buzzati, qui s'appelle exactement comme ça : *Sept étages* ? Il s'est inspiré de quelque chose qui lui arrivé ici, quand il est venu à Oxford donner une conférence : il le raconte dans l'un de ses carnets de voyage. Il faisait très chaud ce jour-là et il eut un petit malaise peu après être sorti de la salle. Les organisateurs, par prudence, insistèrent pour qu'il fût examiné au Radcliffe. On l'emmena au septième, l'étage réservé aux cas les plus bénins et aux visites médicales. C'est là qu'il se soumit aux premières explorations et analyses. Tout allait bien, lui affirma-t-on, mais, pour être définitivement rassuré, on allait encore lui faire des examens un peu plus poussés. À cette fin on devait le descendre à l'étage inférieur, ses hôtes l'attendraient en haut jusqu'à ce que tout fût fini. On le transporta sur une chaise roulante, ce qui lui sembla un peu exagéré, mais il préféra attribuer cela au zèle britannique. Au sixième étage, il entrevit dans les couloirs, et sur les bancs des salles d'attente, des gens au visage brûlé, couvert de bandages, des corps allongés sur des brancards, des aveugles, des mutilés. Lui-même, on le fit s'étendre sur une civière pour passer une radio. Lorsqu'il voulut se relever, le radiologue lui annonça qu'on avait détecté une petite anomalie, probablement rien de grave, mais qu'il valait mieux qu'il restât dans cette position horizontale tant qu'on n'aurait pas les résultats de toutes les autres analyses. Il faudrait aussi le garder quelques heures de plus en observation, et on préférait donc l'envoyer au cinquième étage, où il pourrait avoir une chambre pour lui tout seul. Au cinquième, il n'y avait personne dans les couloirs. Pourtant, certaines portes étaient entrouvertes ; il put jeter un coup d'œil à l'intérieur : on n'apercevait que des flacons de sérum, des gens prostrés, des tuyaux reliés à des bras. Il passa deux heures seul dans une chambre, sur la civière, assez inquiet. Enfin, une infirmière entra avec une paire de ciseaux posée sur un plateau. Elle était envoyée par l'un des médecins du quatrième, le docteur X, qui procéderait à l'évaluation finale ; elle devait lui faire une petite tonsure sur la nuque avant l'examen. Tandis que ses mèches tombaient sur le plateau, Buzzati demanda si le médecin monterait le voir. L'infirmière sourit, comme si ce genre d'idée ne pouvait germer que dans le cerveau d'un étranger ; elle lui répondit que les docteurs préféraient se tenir chacun à son étage. Elle ajouta qu'elle le descendrait elle-même par l'une des rampes et qu'elle le laisserait attendre près d'une fenêtre. Le bâtiment a une forme en U ; depuis la fenêtre du quatrième, Buzzati entraperçut donc, en regardant en bas, les persiennes coulissantes du premier étage qu'il décrit dans sa nouvelle. À quelques exceptions près, elles étaient toutes fermées. Il demanda à l'infirmière quelles personnes se trouvaient à cet étage et il reçut la réponse consignée dans la nouvelle : en bas, le seul qui travaillait, c'était le prêtre. Buzzati écrit qu'en cette heure terrible, tandis qu'il attendait le médecin, il était surtout taraudé par une idée mathématique. Il se rendait compte que le quatrième étage représentait exactement la moitié du compte à rebours, et une terreur superstitieuse lui soufflait que s'il descendait un seul étage de plus, tout serait perdu. À chaque instant il entendait, venant de dessous, par intermittence, comme s'ils se faufilaient par la cage de l'ascenseur, ce qui ressemblait aux cris de désespoir d'un individu plongé dans un délire de souffrances et de larmes. Il prit la résolution de résister de toutes ses forces si l'on essayait de le faire descendre de nouveau, sous un prétexte quelconque. Le médecin finit par arriver. Ce n'était pas le docteur X mais le docteur Y, le chef de service. Il connaissait des bribes d'italien ainsi que son œuvre. Il jeta un coup d'œil rapide sur les analyses et la radiographie et exprima sa surprise devant la décision de son jeune collègue, le docteur X, qui avait ordonné cette tonsure ; peut-être avait-il songé à une ponction préventive, dit-il, en tout cas, rien de cela n'était nécessaire. Il était en parfaite santé. Il lui présenta ses excuses, il espérait, ajouta-t-il, qu'il n'avait pas été trop perturbé par les cris que l'on entendait en provenance de l'étage inférieur. C'était l'unique survivant d'un accident de la circulation. Le troisième étage pouvait être très bruyant, lui précisa-t-il ; beaucoup d'infirmières y utilisaient des boules Quies. Mais sans doute allait-on bientôt envoyer le pauvre homme au deuxième, et le calme reviendrait.

Seldom me montra, en hochant la tête vers l'avant, la masse de briques obscures qui était apparue devant nous. Puis il dit, comme s'il avait du mal à achever cette histoire du même ton serein et méthodique :

— La note, dans son journal, correspond au 27 juin 1972, deux jours après la collision où j'ai perdu mon épouse, la collision où périrent aussi John et Sarah. L'homme qui agonisait au troisième étage, c'était moi.

9.

Nous gravîmes en silence les marches en pierre. Nous entrâmes dans le hall et traversâmes un long vestibule ; Seldom saluait, dans les couloirs, presque tous les médecins et les infirmières que nous croisions.

— J'ai vécu ici près de deux années entières, me dit-il. Et j'ai été obligé de revenir chaque semaine durant toute une autre année. Il m'arrive encore parfois de me réveiller en croyant que je suis toujours dans l'une de ces salles. (Il me signala un angle où prenaient naissance les degrés usés d'un escalier en spirale.) Nous allons au deuxième, par là nous arriverons plus vite.

Le deuxième étage comportait un long et lumineux corridor, qui avait quelque chose du silence profond et recueilli des cathédrales. Nos pas éveillaient un écho hostile. Les planchers semblaient avoir été tout juste cirés et on aurait dit que très peu de gens les foulaient tant ils brillaient.

— Les infirmières l'appellent l'aquarium, ou le service végétarien, dit Seldom, et il ouvrit la porte battante de l'une des chambres.

Il y avait deux rangées de lits, trop rapprochés les uns des autres, comme dans un hôpital de campagne. Dans chaque lit se trouvait un corps dont ne dépassait que la tête, branchée à un respirateur artificiel. L'effet additionné des respirateurs produisait un gargouillement paisible et profond, qui faisait vraiment penser à un monde immergé. Tandis que nous passions entre les lits, je vis que d'un côté de chaque corps sortait une poche qui recueillait les déjections. Je songeai que les corps se réduisaient à présent à leurs orifices élémentaires. Seldom surprit mon regard.

— Une nuit je me suis réveillé, me dit-il à voix basse, et j'ai entendu deux infirmières qui avaient travaillé dans ce service et qui se plaignaient des « sales ». Ceux qui remplissent leur poche deux fois par jour, ce qui les oblige à la changer aussi l'après-midi. Quel que soit leur état réel, les « sales » ne font pas de vieux os dans cette salle. D'une façon ou d'une autre, elles se débrouillent, vous vous en doutez, pour que leur santé se dégrade un peu et qu'on doive les transférer ailleurs. Bienvenue au pays de Florence Nightingale. Elles jouissent d'une impunité absolue : la famille ne s'aventure presque jamais jusqu'ici, ils rappliquent une ou deux fois, au début, et puis ils disparaissent. C'est comme un dépôt, beaucoup sont branchés depuis des années. Voilà pourquoi j'essaie de venir tous les après-midi : malheureusement, Frankie est devenu l'un de ces « sales » depuis peu, et je ne voudrais pas qu'il lui arrive quelque chose de bizarre.

Nous nous étions arrêtés à côté d'un lit. De l'homme, ou de ce qui restait de l'homme qui était couché là, on ne voyait qu'un crâne, surmonté de quelques rares cheveux gris et raides qui lui tombaient sur les oreilles, et une veine perpendiculaire aux sourcils et incroyablement enflammée. Le corps s'était consumé sous le drap, le lit paraissait trop grand pour lui, et j'imaginai qu'il n'avait peut-être aucune de ses deux jambes. Le léger tissu blanc se soulevait à peine sur sa poitrine, les ailes de son nez palpitaient sans parvenir à embuer le masque en verre. L'un de ses bras était étendu en dehors, attaché par un bracelet en cuivre à ce qui au début me parut être une machine pour contrôler le pouls. Il s'agissait en réalité d'un système de sangles qui maintenait fermement le bras sur un bloc de papier. On avait fixé avec ingéniosité un court crayon entre l'index et le pouce. La main, aux ongles très longs, presque crochus, était de toute façon inerte, exsangue, sur la feuille blanche.

— Vous avez peut-être entendu parler de lui, me demanda Seldom. C'est Frank Kalman, le continuateur des travaux de Wittgenstein sur l'observation des règles d'usage et les jeux du langage.

Je répondis avec courtoisie que ce nom me disait quelque chose, mais très vaguement.

— Frank n'était pas un logicien professionnel, poursuivit Seldom ; en réalité, ce ne fut jamais un de ces mathématiciens qui publient des articles et participent à des congrès. Dès qu'il eut obtenu son diplôme, il accepta un poste dans un grand cabinet de conseil en recrutement. Son travail consistait à élaborer et à évaluer les tests destinés aux candidats à divers métiers. Il fut affecté au service de manipulation symbolique et de tests d'intelligence. Quelques années plus tard, on le chargea également des premières évaluations de niveau dans les écoles secondaires en Angleterre. Il se consacra sa vie durant à préparer des séries logiques, du type le plus élémentaire, comme celle que je vous ai montrée : étant donné une séquence de trois symboles, écrire à la suite le quatrième. Ou bien, avec des chiffres : étant donné les chiffres 2, 4, 8, écrire le suivant. Frank était méticuleux, obsessionnel. Il corrigeait avec soin des montagnes d'examens. Il commença à se rendre compte d'un phénomène vraiment curieux. Bien entendu, il y avait des examens parfaits, qui permettaient seulement d'affirmer, ainsi que l'écrirait ensuite Frank avec une incroyable prudence, que l'intelligence du candidat correspondait parfaitement aux attentes de l'examinateur. Il y avait aussi, et cela représentait une écrasante majorité, ce que Frank appelait la distribution normale de Gauss : des examens comportant certaines erreurs qui appartenaient au genre d'étourderies auxquelles on pouvait s'attendre. Mais il existait également un troisième groupe, toujours le plus réduit, qui intéressait surtout Frank : c'étaient des examens frôlant la perfection, et dont toutes les réponses étaient exactes, sauf une. Mais ce qui les différenciait de la normale, c'était que l'erreur commise à cette unique question semblait être à première vue une bourde grossière, une suite choisie à l'aveuglette, ou au petit bonheur la chance, quelque chose de vraiment très éloigné de l'échantillonnage habituel des bévues. Frank eut l'idée, par simple curiosité, de demander à cette petite frange de candidats de justifier leurs réponses, et ce fut alors qu'il se heurta à la première surprise. Les solutions que lui-même avait considérées comme incorrectes étaient en réalité possibles et parfaitement valables pour continuer la série, à cela près que leur justification se révélait infiniment plus complexe. Le détail le plus curieux était que l'intelligence de ces postulants avait négligé la solution élémentaire préconisée par Frank ; elle semblait avoir pris son élan sur un tremplin, à un certain moment, pour sauter beaucoup plus loin. L'image du tremplin est aussi de Frank. Les trois symboles ou chiffres inscrits sur la feuille correspondaient, pour lui, à la course du plongeur sur la planche ; de ce point de vue, l'analogie semblait lui fournir une première explication : pour l'intelligence qui saute en avant avec beaucoup de fougue, la solution lointaine est plus naturelle que celle qui se trouve immédiatement sous ses pieds. Mais cette explication remettait en cause les fondements mêmes des hypothèses de travail de presque toute une vie. Frank était soudain troublé. La réponse à ses séries n'était en aucun cas unique ; celles qu'il avait considérées jusqu'à présent comme erronées pouvaient être des solutions alternatives et aussi, en quelque sens, « naturelles ». Et il ne voyait même aucune façon de distinguer entre une éventuelle réponse au hasard et la suite d'une intelligence exceptionnelle, trop puissante. Ce fut alors qu'il vint me voir, et que je me vis dans l'obligation de lui donner de mauvaises nouvelles.

— Le paradoxe de Wittgenstein sur les règles finies, dis-je.

— Exactement. Frank avait redécouvert dans la pratique, lors d'une expérience réelle, ce que Wittgenstein avait déjà démontré par la théorie il y a des décennies : l'impossibilité de concevoir une règle univoque et des ordonnancements « naturels ». La série 2, 4, 8, peut être poursuivie par le chiffre 16, mais aussi par un 10, ou par 2007 ; il est toujours possible de trouver une justification, une convention, qui permette d'ajouter n'importe quel chiffre en guise de quatrième occurrence. *N'importe quel* chiffre, *n'importe quelle* suite. Voilà quelque chose que l'inspecteur Petersen n'aimerait guère apprendre, et qui avait presque rendu Frank fou. À cette époque, il était âgé de plus de soixante ans, mais il me demanda les références ; il eut le courage de pénétrer, comme s'il reprenait ses études, à l'intérieur de cette caverne abandonnée que sont les travaux de Wittgenstein. Et vous savez à quoi ressemble la descente dans les sombres profondeurs de Wittgenstein. À un moment donné, il s'assit au bord de l'abîme. Il avait compris qu'il ne pouvait même plus se fier à la règle de la multiplication par deux. Mais il en émergea avec une idée assez semblable à celle que j'avais moi-même dans la tête. Frank se raccrocha avec une foi presque fanatique à une ultime planche de salut : les statistiques de ses expériences. Il considéra que, dans une certaine mesure, les résultats de Wittgenstein n'étaient que théoriques, appartenaient à un monde platonicien, mais que la façon de penser des personnes réelles était un peu différente. Somme toute, c'était seulement une infime minorité qui imaginait ces solutions atypiques. Il présuma alors que s'il était vrai, en principe, que toutes les réponses étaient équiprobables, il existait peut-être quelque chose d'inscrit d'une façon quelconque dans la psyché humaine, ou dans les jeux d'approbation-réprobation lors de l'apprentissage de symboles, qui conduisait la grande majorité au même endroit, à la réponse qui se présentait à l'entendement des hommes comme étant plus simple, plus limpide, ou plus agréable. Il pensa en définitive, dans la même direction que moi, que c'était une espèce de principe esthétique qui opérait a priori, lequel ne laissait filtrer que de rares possibilités pour le choix final. Il se proposa alors de donner une définition abstraite de ce qu'il appelait le raisonnement normal. Mais la voie qu'il emprunta fut vraiment bizarre. Il commença à visiter des hôpitaux psychiatriques et à essayer ses tests sur des patients lobotomisés. Il collectionna des exemples de paroles isolées et de symboles écrits par des somnambules, il participa à des séances d'hypnotisme. Surtout, il analysa le type de symboles que tentent de transmettre les malades victimes de dommages cérébraux, dans un état presque végétatif. Il cherchait au fond quelque chose qui, par définition, se révèle presque impossible : étudier ce qu'il reste de raison lorsque la raison n'est plus là, aux aguets. Il croyait qu'on pouvait peut-être déceler une sorte de mouvement ou d'activité résiduelle correspondant à un sillon creusé organiquement, ou bien à un chemin routinier tracé par l'apprentissage. Mais je suppose qu'il était déjà en proie à un penchant morbide, en rapport avec le projet qu'il était en train de mûrir. Peu de temps avant, on lui avait diagnostiqué un cancer d'une variété très agressive, qui attaque d'abord les jambes ; ici, on l'appelle le cancer du bûcheron, les médecins n'ont d'autre ressource que de couper les membres un par un. Je vins le voir après la première amputation. Il paraissait de bonne humeur, compte tenu de la situation. Il me montra un livre offert par son médecin, rempli de photos de crânes partiellement ravagés par des accidents, des tentatives de suicide, des coups de batte de base-ball. Il y avait une description clinique exhaustive de toutes les séquelles et de tous les contrecoups des dégâts cérébraux. Avec un air mystérieux, il attira mon attention sur une page où l'on voyait l'hémisphère gauche d'un cerveau, dont le lobe pariétal avait été en partie détruit par une balle. Il me demanda de lire la légende de la photo. Le suicidé s'était retrouvé plongé dans un coma presque total, mais sa main droite, disait le texte, avait continué à écrire pendant des mois toutes sortes de symboles étranges. Il m'expliqua qu'il avait découvert, à force de parcourir les hôpitaux, une connexion étroite entre le genre de symboles qu'il notait et l'activité qu'avait développée durant toute son existence le patient dans le coma. Frankie était extrêmement timide. Il m'avoua, et ce fut la seule fois qu'il se livra à un commentaire personnel, qu'il regrettait de ne s'être jamais marié ; il ajouta, avec un sourire attristé, qu'il n'avait pas fait grand-chose dans sa vie, mais que depuis quarante ans il écrivait et maniait des symboles logiques. Il était sûr de ne pas trouver un meilleur cobaye que lui-même pour son expérience. Il était convaincu que, dans tous les symboles qu'il tracerait, on pourrait lire d'une façon ou d'une autre la codification de ce résidu ou substrat rationnel qu'il cherchait. En tout cas, il ne pensait pas être là quand on viendrait pour sa seconde jambe. Il ne lui restait plus qu'un ultime problème à résoudre : comment s'assurer que les dommages causés par la balle ne seraient pas trop importants, que les éclats n'atteindraient pas le circuit de connexions motrices ? Moi, je m'étais pris d'affection pour lui à cette époque. Je lui répondis que, pour ce qui était de la résolution de cette question, je n'étais pas disposé à l'aider ; il me demanda alors si je serais là pour lire les symboles, au cas où il trouverait la solution.

Nous vîmes en même temps que la main se crispait dans un spasme pour serrer le crayon, comme si elle avait reçu une décharge électrique. J'observai, le regard fixe et épouvanté, l'avance lente et maladroite du crayon griffonnant le papier, mais Seldom ne parut pas y prêter grande attention.

— C'est l'heure à laquelle il commence à écrire, dit-il, sans se soucier de baisser la voix, et il continue pendant presque toute la nuit. Frankie était vraiment intelligent et il trouva enfin la solution : un pistolet normal, même de petit calibre, laissait une marge d'erreur trop grande en cas de déflagration interne. Il avait besoin d'un instrument capable de traverser la paroi du front et d'atteindre proprement le cerveau, comme une espèce de petit harpon. Ce pavillon de l'hôpital était alors en travaux, et il semble que l'idée lui ait été soufflée par l'un des ouvriers, avec lequel il eut une conversation au sujet des outils : il opta finalement pour un pistolet à clous.

Je me haussai sur la pointe des pieds pour essayer de distinguer les traits désordonnés qui apparaissaient sur le bout de papier.

— L'écriture devient de plus en plus illisible, reprit Seldom, mais jusqu'à une date récente on pouvait parfaitement la comprendre. En réalité, ce ne sont que quatre lettres qu'il écrit et réécrit. Les quatre lettres d'un nom. Durant toutes ces années, Frankie n'a jamais écrit le moindre symbole logique, ni le moindre chiffre. L'unique chose que Frankie écrit, à l'infini, c'est le nom d'une femme.

10.

— Sortons faire un tour dans la galerie ; je veux fumer une cigarette, dit Seldom.

Il avait arraché la feuille que venait d'écrire Frank, et il la jeta dans la corbeille après y avoir jeté un bref coup d'œil. Nous sortîmes de la salle en silence et parcourûmes le couloir désert, jusqu'à une fenêtre ouverte. Nous vîmes s'avancer lentement vers nous un infirmier qui poussait un chariot. Lorsqu'il passa à côté de nous, je pus observer que le drap recouvrait le visage ainsi que la totalité du corps, tel un linceul. Seul un bras était à découvert ; une carte accrochée au poignet indiquait le nom. Je parvins à distinguer un chiffre dessous, peut-être l'heure de la mort. L'infirmier manœuvra pour faire tourner le chariot et l'introduisit en souplesse, avec la dextérité d'un maître ès pizzas, à travers une étroite porte vitrée.

— C'est la morgue ? demandai-je.

— Non, répondit Seldom. Chaque étage a une salle

comme celle-ci. Quand l'un des patients décède, on débarrasse aussitôt le corps afin de libérer le lit le plus vite possible. Le médecin en chef de l'étage vient jusqu'ici pour constater le décès, on rédige une sorte de procès-verbal sur un tableau, et ce n'est qu'après qu'on le transfère à la morgue générale de l'hôpital, située quelque part au sous-sol. (Seldom signala, d'un mouvement de la tête, la salle de Frank.) Je vais encore rester un petit moment ici, pour tenir compagnie à Frankie. C'est un bon endroit pour réfléchir, aussi bon qu'un autre. Mais je suis sûr que vous voudrez rendre visite au service de radiologie. (Il esquissa un sourire et, quand il vit ma surprise, ses yeux pétillèrent et son sourire s'élargit.) Après tout, Oxford n'est qu'un petit village. Félicitations : Lorna est une magnifique jeune femme. J'ai fait sa connaissance durant ma convalescence, elle m'a prêté pas mal de ses romans policiers. Vous avez déjà vu sa bibliothèque ? (Il haussa les sourcils avec une admiration non feinte.) Je n'ai jamais connu quelqu'un montrant une telle passion pour les crimes. Il faut que vous alliez au dernier étage : prenez les ascenseurs par ici, à droite.

L'ascenseur grimpa en poussant un lourd gémissement pneumatique. Je traversai un labyrinthe de pavillons, guidé par les flèches qui indiquaient « Radiologie », jusqu'à une salle d'attente. Un homme assis s'y trouvait seul, le regard un peu perdu, un livre abandonné sur les genoux. Derrière une paroi de verre j'aperçus Lorna revêtue de son uniforme, penchée sur un chariot, comme si elle expliquait la procédure à un enfant. Je m'approchai de la vitre, sans me décider à l'interrompre. Lorna installait un petit ours en peluche contre l'oreiller. Il s'agissait en réalité d'une petite gamine très pâle d'environ sept ans, avec des yeux effrayés mais courageusement attentifs, et de longues anglaises. Lorna lui dit quelques mots et la fillette embrassa très fort le petit ours. Je tapai deux coups légers sur la vitre. Lorna regarda dans ma direction, eut un rire surpris et lança une petite exclamation qui ne parvint pas à franchir le verre. Elle me signala la porte, sur un côté, et indiqua d'un geste à l'enfant, mimant une raquette imaginaire, que j'étais son partenaire de tennis. Elle ouvrit un instant la porte, me donna un baiser rapide et me demanda de l'attendre un moment.

Je retournai à la salle d'attente. L'homme avait repris sa lecture. Je remarquai qu'il avait un peu de barbe et les yeux rougis, comme s'il n'avait pas dormi depuis longtemps. Je déchiffrai avec un certain étonnement le titre de l'ouvrage : *Des pythagoriciens à Jésus-Christ.* L'homme baissa soudain son livre et nos regards se croisèrent.

— Excusez-moi, dis-je, j'ai remarqué le titre. Vous êtes mathématicien ?

— Non, répondit-il, mais si le titre vous a intéressé, je dois en déduire que vous, vous l'êtes.

Je souris en acquiesçant, et l'homme m'observa avec une intensité déconcertante.

— Je lis en remontant le temps, reprit-il. Je veux savoir comment étaient les choses au début. (Il me jeta un nouveau regard d'une fixité un peu fanatique.) On a de sacrées surprises. Par exemple, combien de sectes, combien de groupes religieux y avait-il, d'après vous, à l'époque du Christ ?

Il me sembla que ce serait faire preuve de politesse que de répondre par un chiffre très bas. Mais, avant que j'aie pu ouvrir la bouche, l'homme poursuivit :

— Il y en avait des dizaines et des dizaines : les nazaréens, les ophites, les simoniens, les phibionites. Pierre et ses apôtres ne représentaient qu'un groupuscule. Un parmi cent. Les choses auraient parfaitement pu se dérouler autrement. Ce n'étaient ni les plus nombreux, ni les plus avancés, ni les plus influents. Mais ils eurent un trait de génie pour se différencier et se dresser parmi tous les autres, une simple idée, la pierre de touche, pour persécuter et exterminer le restant des groupes et se retrouver finalement seuls. Alors que tous ne parlaient que de la résurrection de l'âme, eux promirent aussi la résurrection de la chair. Le retour à la vie avec son propre corps. Une notion qui paraissait déjà saugrenue, déjà primitive à cette époque. Le Christ qui sort du tombeau le troisième jour demande qu'on le pince, et mange du poisson grillé. Or qu'arriva-t-il avec ce Christ pendant les quarante jours que dura son retour ?

Sa voix rauque possédait la véhémence un peu farouche d'un nouveau converti, ou d'un autodidacte. Il s'était un peu penché vers moi et je sentis les émanations âcres et pénétrantes de transpiration qu'exhalait sa chemise chiffonnée. Machinalement, je reculai d'un pas, mais il était difficile d'échapper à la fixité de ses yeux. J'esquissai encore la moue d'ignorance de rigueur.

— Exactement. Vous l'ignorez, je l'ignore, tous l'ignorent. Mystère. On dirait que ça se réduit à ça : un pincement et désigner Pierre comme étant son successeur sur terre. Plutôt pratique pour Pierre, non ? Vous saviez que jusqu'alors on se contentait d'ensevelir les cadavres dans un linceul ? Bien entendu, l'idée de conserver les corps n'existait pas. Les corps étaient, en fin de compte, ce que les religions tenaient pour l'élément le plus faible, le plus éphémère, la partie exposée au péché. Eh bien, un certain nombre de cercueils nous séparent de cette époque, n'est-ce pas ? Tout un monde de cercueils sous le monde. Aux alentours de chaque ville, une autre ville souterraine de cercueils alignés en files interminables, pathétiquement fermés. Mais nous savons tous ce qui se passe à l'intérieur des cercueils. Au cours des premières vingt-quatre heures, après la *rigor mortis*, c'est la déshydratation qui commence. Le sang cesse de transporter de l'oxygène. La cornée perd de la transparence, l'iris et les pupilles se déforment, la peau se ride. Le deuxième jour, la putréfaction s'installe dans le gros intestin et les premières taches verdâtres apparaissent. Les organes internes ne fonctionnent plus, les tissus ramollissent. Le troisième jour, la décomposition avance, les gaz gonflent l'abdomen et un vert marmoréen envahit tous les membres. Le corps émet un composé de carbone et d'oxygène, l'odeur envahissante d'un bifteck resté trop longtemps en dehors du frigo : c'est le début du festin de la faune cadavérique et des insectes nécrophages. Chacun de ces processus, chaque échange d'énergie, implique une perte irréversible, pas question de récupérer la moindre fonction vitale. Oui, à la fin du troisième jour, le Christ aurait été un résidu monstrueux incapable de se redresser, pestilentiel et aveugle. Voilà la vérité. Mais qui a intérêt à connaître la vérité, n'est-ce pas ? Vous venez de voir ma fille, dit-il, et sa voix baissa d'un ton, désarmée et implorante. Il lui faut une greffe de poumon. Nous attendons ce poumon depuis un an, elle est à présent inscrite sur la liste nationale des urgences. Il ne lui reste pas plus de trente jours à vivre. Deux occasions se sont présentées. Les deux fois j'ai prié et supplié. Mais les deux fois il s'agissait de familles chrétiennes, et elles ont préféré enterrer chrétiennement leur enfant. (Il me regarda de nouveau comme s'il se sentait acculé.)

Savez-vous que la loi britannique interdit, en cas de suicide de l'un des parents, que l'on greffe l'un de leurs organes à leur enfant ? C'est à cause de cela, dit-il en tapant du doigt sur la couverture de son livre, qu'il convient parfois de revenir au tout début, nos ancêtres avaient d'autres idées au sujet des transplantations, la théorie des pythagoriciens sur la réincarnation…

L'homme s'interrompit et se leva. La porte s'était ouverte, Lorna poussait le lit dehors. La fillette paraissait s'être endormie. L'homme bavarda un moment avec Lorna, puis s'éloigna, conduisant lui-même le chariot le long du couloir. Lorna attendait que je m'approche, un sourire ambigu sur les lèvres et les mains dans les poches. Ses seins tendaient agréablement sa blouse, faite d'un tissu très fin.

— Quelle bonne surprise que tu sois passé par là !

— Je voulais te voir comme ça, avec ton uniforme d'infirmière.

— Des nouvelles ? et ses yeux s'agrandirent, pleins de curiosité.

— Pas de nouveau crime. Je viens de découvrir le deuxième étage. Seldom m'a amené dans la salle de Frank Kalman.

— Le papa de Caitlin t'a mis le grappin dessus ! reprit-elle. J'espère qu'il ne t'a pas trop cassé les pieds. Je suppose qu'il te parlait des Spartiates, ou qu'il te disait pis que pendre des chrétiens. Il est veuf et

Caitlin est sa fille unique. Il a demandé un congé à son travail, depuis presque trois mois il ne sort pratiquement plus d'ici. Il lit tout ce qui concerne les greffes. Je crois qu'on peut dire qu'il est un peu (elle esquissa le geste de se tapoter la tempe) maboul.

— Je pensais aller passer le week-end à Londres, lui dis-je. Tu viendrais avec moi ?

— Ce week-end ? Impossible, je suis de garde les deux nuits. Mais allons à la cafétéria, et je te ferai une liste de quelques *bed and breakfast* et des endroits à visiter.

— Hé ! ajoutai-je, tandis que nous marchions vers l'ascenseur, j'ignorais qu'Arthur Seldom était allé chez toi.

Je la regardai avec un sourire insouciant, et elle me sourit aussi, amusée, au bout d'un moment.

— Il est venu m'apporter son livre. Je peux également te donner une autre liste, avec tous les hommes que j'ai reçus chez moi, mais elle serait beaucoup trop longue.

Lorsque je revins à Cunliffe Close et descendis à ma chambre, je trouvai, sous l'un de mes cahiers, l'enveloppe que j'avais préparée pour Mrs. Eagleton ; je me rappelai alors que, depuis ce jour-là, je n'avais jamais donné l'argent du loyer à Beth. Je fourrai dans mon sac les vêtements nécessaires pour le week-end et grimpai, avec l'argent, le petit escalier de l'entrée.

Beth me demanda d'attendre une minute derrière la porte. Quand elle ouvrit, elle semblait détendue et sereine, comme si elle venait de passer un long moment plongée dans l'eau. Elle avait les cheveux humides, les pieds nus, elle portait un long déshabillé en pilou soigneusement fermé. Elle me fit entrer un instant dans le salon. Je reconnus à peine l'endroit. Elle avait changé le tapis, les meubles, les rideaux. La maison avait à présent un aspect plus intime et secret, avec une certaine sophistication qui semblait empruntée à quelque magazine de décoration, et elle apparaissait encore, quoique d'une façon totalement différente, simple et agréable. Je songeai surtout que, si elle s'était proposé de faire disparaître jusqu'au dernier vestige de Mrs. Eagleton, elle y était parvenue sans l'ombre d'un doute. Je lui annonçai que j'allais passer la fin de semaine à Londres et elle m'indiqua qu'après l'enterrement elle partirait elle aussi, le lendemain, à Exeter et à Bath, pour une petite tournée avec l'orchestre. Nous entendîmes soudain un clapotement en provenance de la salle de bains, on eût dit qu'un individu corpulent sortait de la baignoire. J'eus l'impression que Beth piquait un fard, comme prise en faute. Sans doute s'était-elle souvenue, en même temps que moi, des propos méprisants qu'elle tenait sur Michael seulement deux jours plus tôt.

Je pris l'Oxford Tube pour Londres et passai deux journées à me promener à travers la ville, sous un soleil doux et agréable, tel un touriste en goguette. Le samedi j'achetai l'*Oxford Times*, qui annonçait, dans un petit encadré, les obsèques de Mrs. Eagleton et faisait un bref résumé des faits sans apporter aucun détail nouveau. Le dimanche, on ne parlait plus du tout de l'affaire. Je choisis à Portobello Road, en pensant à Lorna, un exemplaire un peu poussiéreux mais bien conservé des Mémoires de Lucrèce Borgia, puis je regagnai Oxford par le dernier train de nuit. Le lundi matin, je quittai la maison, encore un peu endormi, en direction de l'Institut. À l'entrée de Cunliffe Close j'aperçus, étendu sur la chaussée, un animal sans doute écrasé par une voiture durant la nuit. Je fus obligé de passer tout près de lui. Je n'avais jamais rien vu de tel de toute ma vie et j'eus du mal à réprimer un haut-le-cœur. La bête ressemblait à une variété gigantesque de rat. Sa queue longue et foncée flottait dans le sang ; la tête avait été complètement broyée, mais le museau dépassait encore, avec les fosses nasales très ouvertes, rappelant celles d'un cochon. À hauteur de ce qui avait été son estomac, semblable à un sac déchiré, on distinguait la protubérance caractéristique de ce qui avait dû être une portée. Je pressai le pas à mon insu, essayant de fuir ce que de toute façon j'avais déjà vu, et qui avait provoqué en moi une horreur intense, presque inexplicable. Pendant tout le trajet je luttai pour me débarrasser de cette image. J'escaladai, comme si j'atteignais un refuge, les marches de l'Institut de mathématiques. Quand je poussai la porte pivotante, je tombai sur un bout de papier collé avec du scotch sur la vitre. Je vis avant tout le poisson, en position verticale, un dessin schématique à l'encre noire, qui semblait fait de deux parenthèses collées l'une contre l'autre. Au-dessus on lisait, en lettres découpées dans des journaux : *Le deuxième de la série*. Radcliffe Hospital, 14 h 15.

11.

Au secrétariat il n'y avait que Kim, la nouvelle assistante. D'un geste pressant, je parvins à lui faire ôter les écouteurs de son discman et se lever de sa chaise pour m'accompagner jusqu'à la porte d'entrée. Elle me regarda l'air surpris quand je l'interrogeai à propos du papier collé sur la porte. Elle l'avait vu en entrant, oui, mais elle n'y avait prêté aucune attention : elle avait cru qu'il s'agissait de quelque œuvre de bienfaisance au profit du Radcliffe, par exemple un tournoi de bridge ou une partie de pêche. Elle avait l'intention de dire plus tard à la femme de ménage de l'enlever et de le fixer sur le panneau d'informations. Nous aperçûmes Kurt, le gardien de nuit, qui sortait de son appentis sous l'escalier, déjà habillé pour s'en aller. Il s'approcha de nous, comme s'il redoutait un problème quelconque. Le billet était là depuis dimanche, il l'avait découvert en arrivant la nuit d'avant ; il n'avait pas voulu l'arracher, parce qu'il avait supposé que quelqu'un avait permis qu'il fût là avant que lui-même ne prenne son service. Je dis que j'allais prévenir la police et que l'un d'entre eux devait rester là pour empêcher que l'on touche les vitres de la porte et que l'on détache ce papier : il pouvait être lié au meurtre de Mrs. Eagleton. Je me précipitai dans mon bureau, téléphonai à la police et demandai qu'on me passe de toute urgence Petersen ou Sacks. Je dus décliner mon nom et mon numéro de téléphone, on me pria de ne pas couper et d'attendre que quelqu'un entre en communication avec moi. Au bout de dix minutes j'entendis, à l'autre extrémité du fil, la voix de l'inspecteur Petersen. Il me laissa parler sans m'interrompre, je fus simplement obligé de répéter à la fin ce que m'avait dit le gardien de nuit. Je me rendis compte que lui aussi croyait, comme moi, que le crime avait déjà été commis. L'inspecteur allait envoyer séance tenante une voiture de patrouille et l'équipe des empreintes digitales à l'Institut, et il irait lui-même au Radcliffe Hospital pour vérifier les morts du dimanche. De toute façon, il voulait discuter avec moi, et, si c'était possible, également avec le professeur Seldom. Il me donna rendez-vous à deux heures à l'Institut. Je lui précisai que, pour ce que j'en savais, Seldom était sur le point d'arriver : une conférence de l'un de ses étudiants était annoncée dans le hall, pour dix heures. L'idée me passa par la tête d'ajouter :

— Peut-être que l'affiche a été mise là pour qu'il la voie en entrant.

— Oui, c'est possible, rétorqua Petersen, pour que lui la voie et en plus cent autres mathématiciens. (Il paraissait soudain de mauvaise humeur.) On en reparlera plus tard, conclut-il sèchement.

Quand je redescendis dans le hall j'aperçus Seldom près de la porte pivotante. Il était penché sur le papier, comme incapable de détacher les yeux du petit poisson.

— Vous pensez la même chose que moi ? me demanda-t-il en me voyant. J'ai peur de téléphoner à l'hôpital et de demander des nouvelles de Frank. Sauf que l'heure, me dit-il, comme s'il entrevoyait une lueur d'espoir, semble bizarre ; je suis allé hier à l'hôpital à quatre heures de l'après-midi et Frank était encore vivant.

— Nous pouvons appeler Lorna depuis mon bureau, répondis-je. Elle était de garde jusqu'à aujourd'hui midi, elle doit toujours être là, elle pourrait facilement vérifier.

Seldom acquiesça. Nous montâmes et je le laissai téléphoner. Après être passé par toute une chaîne d'opératrices, il réussit enfin à avoir Lorna au bout du fil. Seldom la pria, en prenant maintes précautions, de descendre au deuxième étage et d'aller voir si Frank allait bien. Je compris que Lorna lui posait d'autres questions ; même sans distinguer ses paroles, je parvenais à deviner le ton intrigué de sa voix. Seldom se contenta de lui dire qu'on avait trouvé un message à l'Institut et qu'il en avait conçu une certaine inquiétude. Oui, sans doute le message était-il lié au crime de Mrs. Eagleton. La conversation se prolongea un instant. Seldom lui précisa qu'il téléphonait depuis mon bureau et qu'elle pouvait le rappeler à ce numéro dès qu'elle serait descendue.

Il raccrocha et nous attendîmes en silence. Seldom se roula une cigarette ; il la fuma debout, à côté de la fenêtre. Subitement il se retourna, se dirigea vers le tableau et, comme s'il était complètement absorbé dans ses pensées, il dessina lentement les deux symboles, d'abord le cercle, puis le poisson, qu'il réalisa à l'aide de deux brefs traits courbes. Il se tint immobile, la craie à la main et la tête basse, esquissant sans cesse de petites moues d'impuissance, le morceau de craie en l'air, à proximité du tableau.

Près d'une demi-heure s'écoula avant que le téléphone ne sonne. Seldom écouta Lorna sans répondre hormis quelques monosyllabes d'assentiment ; son expression était impénétrable. « Oui, dit-il à un moment, c'est exactement l'heure qui figure sur le message. »

Quand il eut raccroché, il se tourna vers moi et ses traits se relâchèrent un instant.

— Ce n'est pas Frank, dit-il, mais le patient du lit d'à côté. L'inspecteur Petersen vient de se rendre à la morgue de l'hôpital pour être informé des morts du dimanche : il s'agit d'un homme très vieux, de plus de quatre-vingt-dix ans, le procès-verbal indiquait qu'il était décédé à deux heures et quart, de mort naturelle. Apparemment, ni l'infirmière ni le médecin n'avaient remarqué un petit point sur le bras, semblable à la marque laissée par une piqûre. On allait maintenant procéder à une autopsie afin d'en déterminer la nature. Mais vous voyez ? Je crois que nous avions raison. Un crime que personne n'a considéré au début comme tel. Une mort d'apparence naturelle et un point sur le bras, juste un point… Un point imperceptible. Il a sans doute choisi un type de substance qui ne laisse aucune trace, je parie que l'autopsie ne révélera rien. Une mort que seul ce point différencie d'une mort naturelle. Un point, un point, répéta Seldom à voix basse, comme s'il pouvait mettre en marche, à partir de là, une multitude d'implications invisibles.

Le téléphone sonna de nouveau. C'était Kim, depuis le rez-de-chaussée, qui me prévenait de la visite d'un inspecteur de police. J'ouvris la porte ; la silhouette haute et mince de Petersen se découpa dans la cage d'escalier. Il était venu seul et son visage ne parvenait pas à masquer une expression de contrariété. Il entra ; tandis qu'il nous saluait, il regarda le tableau avec les deux figures dessinées par Seldom. Il se laissa tomber sur l'une des chaises.

— Il y a une foule de mathématiciens en bas, dit-il d'un ton presque accusateur, comme si c'était notre faute. Les journalistes vont arriver d'un moment à l'autre… Nous serons obligés de les informer d'une partie de l'affaire, mais vous allez devoir garder le secret sur le premier symbole de la série. Nous évitons toujours, autant que possible, la diffusion publique des cas de meurtres en série, et surtout des constantes qui se répètent. Enfin, et il hocha la tête, je viens du Radcliffe. Cette fois-ci la victime est un homme très âgé, un certain Ernest Clark. Il était dans le coma, branché à un respirateur artificiel, depuis des années. Jusqu'à présent, un seul élément le relie à Mrs. Eagleton : lui aussi a participé à la guerre. Mais on pourrait bien entendu affirmer la même chose de n'importe quel homme de son âge : toute cette génération a en commun les années de guerre. L'infirmière l'a trouvé mort lors de sa ronde de deux heures et quart et c'est l'heure qu'elle a notée sur le bracelet, avant de le sortir de la salle. Tout semblait parfaitement normal, il n'y avait aucun signe de violence, pas la moindre anomalie ; elle lui a pris le pouls et elle a écrit « mort naturelle » car le cas lui a paru banal. Elle se demande encore comment quelqu'un a pu entrer dans la salle ; en effet, les visites commençaient juste à cette heure-là. Le chef de service du deuxième étage a reconnu qu'il n'avait pas réalisé un examen complet du corps ; il était arrivé tard à l'hôpital, c'était dimanche, et il voulait rentrer chez lui le plus vite possible. Ça faisait des mois qu'ils s'attendaient au décès de Clark ; au fond, ce qui leur semblait bizarre, c'était qu'il se maintînt en vie. De sorte qu'il s'est fié à ce qu'avait écrit l'infirmière, il a recopié sur l'acte l'heure et la cause de la mort telles qu'elles étaient sur l'étiquette, et il a donné son accord pour qu'on l'expédie à la morgue. J'attends maintenant les résultats de l'autopsie. Je viens de voir le message d'en bas. Je suppose que nous ne pouvions pas espérer que l'assassin le rédigerait de sa propre écriture, vu qu'il sait que nous sommes à ses trousses. Mais, bien sûr, ça rend tout plus difficile. D'après la typographie, je dirais qu'il a découpé les lettres dans l'*Oxford Times*, peut-être à partir des articles publiés sur Mrs. Eagleton. Mais le poisson a été dessiné à la main. (Petersen se tourna vers Seldom.) Quelle a été votre impression en regardant le billet ? Vous pensez qu'il s'agit de la même personne ?

— Comment savoir ? répondit Seldom. On dirait que c'est le même type de papier, et la place du dessin et sa taille sont également similaires. De l'encre noire dans les deux cas… Mais il y a un détail supplémentaire qui devrait vous frapper : je vais presque tous les après-midi au Radcliffe, je rends visite à un patient du deuxième étage, Frank Kalman. Clark occupait le lit contigu. En plus, je n'ai pas l'habitude de venir très souvent à l'Institut, mais en revanche j'étais obligé d'être ici ce matin. J'imagine que c'est quelqu'un qui est sur mes talons et qui en sait pas mal à mon sujet.

— En réalité, reprit Petersen en tirant un petit carnet de sa poche, oui, nous étions au courant ; vous savez bien, dit-il avec un ton d'excuse, que nous avons dû prendre des informations sur vous deux. En général, vous effectuez vos visites vers deux heures de l'après-midi, mais le dimanche vous êtes arrivé après quatre heures… Pour quelle raison ?

— J'étais invité à déjeuner à Abingdon. J'ai loupé le bus d'une heure et demie. Les dimanches, il n'y en a que deux l'après-midi, j'ai été forcé d'attendre à la gare jusqu'à trois heures.

Seldom fouilla dans l'une de ses poches et tendit froidement un ticket d'autobus à Petersen.

— Oh, non, ce n'est pas la peine, répondit Petersen un peu honteux. J'étais juste en train de me demander si…

— Oui, j'y ai songé moi aussi, dit Seldom. Je suis d'ordinaire le premier et l'unique qui entre dans cette salle pendant les horaires de visite. Si j'étais venu à l'heure habituelle, j'aurais été tout le temps assis à côté du cadavre de Clark, je suppose que c'est ça ce qu'il avait imaginé. Que je sois là au moment où on découvrirait le décès, lors de la ronde. Mais une fois de plus les choses n'ont pas exactement tourné comme il l'aurait souhaité. Il a été, en un certain sens, trop subtil : l'infirmière n'a pas repéré la piqûre sur le bras, elle a cru à une mort naturelle. Et puis j'ai débarqué beaucoup plus tard, et je n'ai même pas remarqué qu'on avait changé le patient du lit d'à côté. Pour moi, tout s'est déroulé de façon complètement normale.

— Mais peut-être voulait-il vraiment que le crime se confonde au début avec une mort naturelle, intervins-je. Il aurait préparé la scène pour qu'on enlève le corps sous vos yeux, comme s'il s'agissait d'un décès banal. Autrement dit, pour que le meurtre soit également imperceptible pour vous. À mon avis, vous devriez raconter à l'inspecteur, suggérai-je à Seldom, ce que vous pensez de tout cela, les propos que vous m'avez tenus avant.

— Nous n'en sommes pas encore sûrs, répliqua Seldom d'un ton véhément, nous ne pouvons pas raisonner par induction à partir de deux seuls cas.

— De toute façon, dit Petersen, et quoi que ce soit, j'aimerais l'entendre.

Seldom parut encore un instant en proie au doute.

— Dans ces deux affaires, commença-t-il avec prudence, comme s'il voulait se limiter strictement aux faits, les crimes ont été le plus léger possible, si l'adjectif a un sens. Il semblerait que ce ne soit pas les morts elles-mêmes qui aient le plus d'importance. Les meurtres sont presque symboliques. Je ne pense pas que l'assassin ait un réel intérêt à tuer ; il veut montrer quelque chose. Quelque chose qui a sans doute un rapport avec la série de figures qu'il dessine sur ses messages, cette série qui a débuté par un cercle et un poisson. Les crimes ne représentent qu'une façon d'attirer l'attention là-dessus, et il choisit des victimes qui sont assez proches de moi dans le seul but de me mêler à l'affaire. Je crois qu'au fond il s'agit d'un problème purement intellectuel, mais qu'il s'arrêtera uniquement si nous parvenons à lui démontrer, d'une certaine façon, que nous avons pu déchiffrer la signification de la série, que nous sommes en mesure de prédire le symbole, ou le crime, qui viendra ensuite.

— Je vais demander cet après-midi un profil psychologique, même si l'on manque encore d'éléments. En attendant, vous êtes peut-être capable de répondre à la question que je vous ai posée tout à l'heure. Vous pensez qu'il s'agit d'un mathématicien ?

— Je serais enclin à répondre non, dit Seldom prudemment. Du moins, pas un mathématicien professionnel. Plutôt quelqu'un qui s'imagine que les mathématiciens sont plus ou moins des paradigmes de l'intelligence et qui, pour cette raison, veut se mesurer directement à eux. Une espèce de mégalomane intellectuel. Ce n'est sans doute pas un hasard s'il a choisi, cette fois, la porte d'entrée de l'Institut ; il y a là un second message voilé à mon intention : si je ne relève pas le défi, un autre mathématicien le fera. Tant qu'à émettre des conjectures, j'avancerais que c'est quelqu'un qui a dû échouer injustement à un examen de mathématiques, ou qui a peut-être laissé passer une chance importante par la faute de l'un de ces tests d'intelligence imaginés par Frank. Un individu qui a été exclu de ce qu'il estime être le royaume de l'intelligence, qui tout à la fois admire et abhorre les mathématiciens. Il aurait conçu la série en guise de vengeance contre ses examinateurs. D'une certaine façon, c'est lui l'examinateur à présent.

— Ce pourrait être un ancien élève que vous auriez recalé ? demanda Petersen.

Seldom ébaucha un bref sourire.

— Je ne recale plus personne depuis longtemps. Je n'ai que des étudiants de doctorat ; ils sont tous excellents. J'aurais tendance à penser qu'il s'agit de quelqu'un qui n'a pas étudié les mathématiques de façon formelle ; en revanche, il a lu ce chapitre de mon livre sur les meurtres en série et il considère, hélas, que je suis la personne qu'il doit défier.

— Bien, dit Petersen. Pour commencer, je vais ordonner qu'on dresse une liste de tous les achats de votre livre effectués avec une carte de crédit dans les librairies de la ville.

— Ça ne vous sera pas d'un grand secours, répondit Seldom ; au moment du lancement, mes éditeurs ont réussi à faire justement publier ce chapitre-là dans l'*Oxford Times*, sous forme d'extrait. Nombreux sont ceux qui ont cru à un nouveau genre de roman policier.

Voilà pourquoi la première édition de mon ouvrage a été si vite épuisée.

Petersen se leva, un peu découragé, et observa un instant les deux figures sur le tableau.

— Vous pensez être en mesure, dès à présent, d'ajouter quelque chose à ce sujet ?

— En général, c'est le deuxième symbole d'une série qui fournit la piste quant à la façon de lire toute la suite : comme une représentation d'objets ou de faits d'un éventuel monde réel, autrement dit des symboles dans le sens le plus usuel, ou bien, sans aucune connotation en termes de signification, sur un plan strictement syntaxique, comme des figures de type géométrique. Ici, le deuxième symbole est de nouveau astucieux, car le dessin du poisson est tellement schématique qu'il admet les deux lectures. La position verticale est intéressante. Il pourrait s'agir d'une série de figures symétriques par rapport à un axe vertical. Mais si nous devons vraiment l'interpréter comme un poisson, cela ouvre, bien sûr, de multiples possibilités.

— L'aquarium, dis-je, et tandis que Petersen se tournait vers moi, un peu surpris, Seldom acquiesça en silence.

— Oui, j'y ai songé au début. C'est ainsi qu'on appelle l'étage où se trouvait Clark, au Radcliffe. Mais cela signifierait de facto que le coupable est quelqu'un de l'hôpital ; il n'aurait pas choisi un symbole qui l'incrimine de façon si évidente. En outre, dans ce cas, comment relier le cercle à Mrs. Eagleton ? (Seldom se promena un instant, tête baissée.) Il y a aussi, d'une certaine façon, quelque chose d'intéressant et d'implicite dans les messages : l'assassin suppose que les mathématiciens sont capables de trouver la bonne réponse. Autrement dit, les symboles contiennent sans doute un élément correspondant au type de problèmes, ou d'intuitions, lié à la pensée d'un mathématicien.

— Vous vous risqueriez à suggérer le troisième symbole ? l'interrompit Petersen.

— J'ai, répondit Seldom, une première idée ; mais j'entrevois plusieurs autres possibilités de suite également, disons, raisonnables. C'est pour cette raison que dans les tests on fournit au moins trois symboles avant de demander le suivant. Deux symboles admettent encore trop d'ambiguïtés. J'aimerais disposer d'un peu plus de temps pour y réfléchir davantage. Je ne voudrais pas me tromper. Maintenant, c'est lui qui est l'examinateur, et il nous démontrerait notre erreur par un nouveau meurtre.

— Vous estimez vraiment qu'il arrêtera si nous découvrons la solution ? s'exclama Petersen, sceptique.

Malheureusement, *la* solution n'existait pas, pensai-je. C'était ce qu'il pouvait y avoir de plus désespérant. Je compris soudain pourquoi Seldom m'avait emmené voir Frank Kalman et la seconde dimension du problème qui le rendait soucieux. Comment allait-il s'y prendre pour expliquer à Petersen les intelligences buissonnières, Wittgenstein, les paradoxes des règles finies et les déplacements des distributions normales ? Mais Seldom n'eut besoin que d'une seule phrase :

— Il s'arrêtera, dit-il lentement, si c'est la solution à laquelle *lui* est en train de penser.

12.

Petersen se leva de sa chaise et déambula à travers la pièce, les mains derrière le dos. Il récupéra sa veste, qu'il avait jetée sur le rebord du bureau, puis il revint vers le tableau, riva ses yeux sur le dessin et effaça le cercle du revers de la main.

— Rappelez-vous : nous allons garder le premier symbole secret le plus longtemps possible, je ne voudrais pas tenter un vil imitateur. Vous croyez que les mathématiciens d'en bas pourraient le deviner, à présent qu'ils connaissent le second ?

— Non, je ne pense pas, répondit Seldom. En outre, ce n'est pas évident qu'ils s'y intéressent assez pour essayer. Pour un mathématicien, le seul problème qui compte c'est souvent celui qu'il a entre les mains : il faudrait sans doute plus de deux petits assassinats pour le faire changer d'avis.

— C'est également votre cas ? (Petersen regardait fixement Seldom ; il y avait une froide réprobation dans la question.) Pour être honnête, je suis un peu… déçu, dit-il, comme s'il choisissait soigneusement ses mots. Bien entendu, je ne m'attendais pas à recevoir, aujourd'hui même, une réponse définitive de votre part, mais en revanche quatre ou cinq alternatives possibles, des conjectures susceptibles d'être peu à peu affinées ou écartées ; les mathématiciens ne travaillent-ils pas eux aussi comme ça ? À moins que vous ne soyez vous-même guère intrigué par deux assassinats ?

— J'ai, je vous l'ai déjà dit, une première idée (les petits yeux clairs de Seldom soutenaient le regard de l'inspecteur), et je vous promets que je vais m'y consacrer exclusivement. Je veux seulement être sûr de ne pas me tromper.

— N'attendez pas la prochaine mort pour avoir des certitudes, répliqua Petersen, puis, comme s'il était obligé de faire des concessions : mais si vous voulez vraiment nous aider dans notre enquête, passez à mon bureau demain, avant six heures ; nous aurons enfin le profil psychiatrique, j'aimerais vous le lire, ça vous rappellera peut-être quelqu'un. Vous pouvez venir vous aussi, me dit-il, tandis qu'il nous tendait rapidement la main.

Lorsque Petersen fut sorti, il y eut un long silence. Seldom alla se rouler une cigarette devant la fenêtre.

— Je peux vous poser une question ? dis-je avec prudence. (Je me rendais compte qu'il me cachait sans doute également des choses, mais je décidai que mieux valait tenter le coup.) Votre idée, votre conjecture, concerne le prochain symbole, ou le prochain crime ?

— Je crois avoir une idée de la suite de la série… du prochain symbole, répondit Seldom lentement, une idée qui en tout cas ne me permet de faire aucune déduction sur le prochain assassinat.

— De la même façon, vous ne pensez pas que le symbole seul pourrait apporter une aide très précieuse à Petersen ? Il y a une autre raison pour laquelle vous vous êtes refusé à le lui révéler ?

— Allons, descendons dans le parc, il reste quelques minutes avant la conférence de mon élève, je veux fumer une cigarette.

Il y avait encore des policiers dans l'entrée ; ils relevaient les empreintes sur les vitres, et nous dûmes sortir par l'une des portes de derrière. En chemin nous croisâmes Podorov, qui me salua à peine et regarda Seldom droit dans les yeux, comme s'il espérait en vain qu'il le reconnût. Nous longeâmes le laboratoire de physique et pénétrâmes dans le parc universitaire par l'une des allées gravillonnées. Seldom fumait en silence, je crus un moment qu'il ne reprendrait pas la parole.

— Pourquoi êtes-vous devenu mathématicien ? me demanda-t-il subitement.

— Je ne sais pas, répondis-je. Peut-être par erreur,

j'ai toujours cru que j'allais suivre un cursus littéraire. Je suppose que ce qui m'a attiré, c'est le genre de vérité que renferment les théorèmes : atemporelle, immortelle, se suffisant à elle-même, et tout à la fois absolument démocratique. Et vous, qu'est-ce qui vous a décidé ?

— Le caractère inoffensif des mathématiques, le fait qu'il s'agisse d'un monde qui ne côtoie pas la réalité. Il m'est arrivé des choses vraiment terrifiantes quand j'étais tout petit, et puis ensuite, tout au long de ma vie, des espèces de signaux… des signaux intermittents, mais trop répétés et trop affreux pour les négliger.

— Des signaux ? De quel type ?

— Disons… l'enchaînement de conséquences provoqué par la moindre de mes actions dans le monde réel. Des coïncidences, probablement, rien que de malheureuses coïncidences, mais qui se révélèrent assez dévastatrices pour me bloquer presque complètement. Le dernier de ces signaux fut l'accident au cours duquel mes deux meilleurs amis et ma femme trouvèrent la mort. Il est difficile d'affirmer ce genre de choses sans paraître extravagant, mais depuis toujours, dès ma plus tendre enfance, j'avais remarqué que les conjectures que je formulais sur le monde réel s'accomplissaient, s'accomplissaient toujours, mais en empruntant des voies étranges, de la façon la plus horrible, comme pour m'avertir que je devais me tenir éloigné du monde des autres. Durant l'adolescence j'étais vraiment épouvanté. Ce fut alors que je découvris les mathématiques. Pour la première fois je me sentais en lieu sûr ; pour la première fois je pouvais examiner une hypothèse, avec autant d'acharnement que je le souhaitais, et, en effaçant le tableau, ou en barrant une page erronée, recommencer tout simplement de zéro, sans conséquences inattendues. Il existe une analogie théorique, en effet, entre les mathématiques et la criminalistique : ainsi que l'a affirmé Petersen, nous nous livrons l'un et l'autre à des conjectures. Mais lorsque vous formulez une hypothèse sur le monde réel, vous introduisez, sans pouvoir l'éviter, un élément actif irréversible, qui ne manque jamais d'entraîner des répercussions. Quand vous regardez dans une direction, vous cessez de regarder ailleurs, quand vous suivez un chemin possible, vous le suivez en temps réel, et ensuite peut-être est-il trop tard pour en essayer un autre. Ce que je redoute le plus, ce n'est pas de me tromper, comme je l'ai dit à Petersen. Ce qui me fait le plus peur, c'est ce qui m'est arrivé toute ma vie : que mon idée soit finalement exacte, mais de la façon la plus monstrueuse.

— Pourtant se taire, se refuser à dévoiler le symbole, n'est-ce pas une forme d'action par omission, qui pourrait également entraîner des conséquences incalculables ?

— C'est possible, mais pour l'instant je préfère courir ce risque. Je n'ai pas le même enthousiasme que vous pour jouer au détective. Et si les mathématiques sont démocratiques, la suite est à la portée de tous : vous, Petersen lui-même, vous disposez de tous les éléments pour la découvrir.

— Non, non, protestai-je. Ce que j'ai voulu dire, c'est qu'il existe, en mathématiques, un moment de démocratie, lorsque l'on expose, ligne après ligne, une démonstration. N'importe qui peut suivre le chemin une fois qu'il a été tracé. Mais il y a bien entendu une période d'illumination antérieure : ce que vous avez appelé le mouvement du cavalier... Seuls de rares élus, parfois un seul pendant des siècles, réussissent les premiers à percevoir le pas exact dans l'obscurité.

— Belle tentative, répondit Seldom, ce « un seul pendant des siècles » a une tonalité réellement dramatique. De toute façon, la suite à laquelle je pense est très simple, elle n'exige à vrai dire aucune connaissance mathématique. Ce qui semble beaucoup plus difficile, c'est d'établir une corrélation entre les symboles et les crimes. Ce n'est peut-être pas une mauvaise idée d'avoir les éléments d'un profil psychiatriques. Bien, ajouta-t-il en consultant sa montre, il faudrait peut-être que je retourne à l'Institut.

Je lui répondis que j'allais me promener encore un

moment dans le parc et il me tendit la carte que lui avait donnée Petersen.

— Voici l'adresse du commissariat, il se trouve en face de la boutique *Alice in Wonderland*, on pourrait s'y retrouver à six heures, si ça vous convient.

Je continuai à marcher le long du sentier et m'arrêtai à un détour du chemin, à l'ombre des arbres, pour observer l'énigme indéchiffrable d'un match de cricket. Durant quelques minutes, j'eus l'impression de n'assister qu'aux préparatifs du jeu, ou à une série de tentatives manquées pour entamer la partie. J'entendis soudain les applaudissements enthousiastes de plusieurs femmes coiffées de grands chapeaux, qui buvaient du punch assises à une extrémité du terrain. À l'évidence, j'avais loupé un coup magnifique, ou peut-être le jeu venait-il d'atteindre son summum, sans que j'eusse été capable d'y déceler davantage que cette exaspérante immobilité. Je franchis un petit pont puis longeai la rivière, à travers des herbes jaunissantes. Je croisais sans cesse de petites embarcations avec des couples de canoteurs. Il y avait une idée dans l'air, tout près d'ici, tel le bourdonnement d'un insecte invisible, une intuition sur le point d'être exprimée, et un bref instant j'eus l'impression que, si j'avais été au bon endroit, j'aurais peut-être pu en reconnaître un élément et l'attraper. Comme cela m'arrivait en mathématiques, je ne savais pas si je devais m'obstiner et m'efforcer d'en percer le mystère, ou bien tout oublier, lui tourner délibérément le dos, en attendant qu'elle se laisse voir d'elle-même. Toute velléité de cogitation semblait se diluer dans la quiétude du paysage, dans le serein clapotis de l'eau agitée par les rameurs, dans les sourires courtois des étudiants à bord des canots. En tout cas, ce ne serait pas ici, je m'en rendais compte, que se dénouerait l'énigme des morts et des assassins.

J'empruntai un raccourci au milieu des arbres pour regagner mon bureau. Mon collègue russe était parti déjeuner et je décidai d'appeler Lorna. Sa voix me parvint joyeuse, vibrante d'excitation. Oui, elle avait des nouvelles, mais avant elle voulait connaître les miennes. Non, Seldom ne lui avait parlé que d'un message bizarre collé sur une vitre. Je fus obligé de lui raconter comment j'avais découvert le papier, de lui décrire le symbole, puis de lui rapporter, pour autant que je m'en souvenais, la conversation avec Petersen. Lorna me posa d'autres questions avant de daigner me révéler ses informations. On n'avait pas transféré le cadavre à la morgue de la police, le médecin légiste avait préféré l'autopsie sur place, aidé de l'un des médecins de l'hôpital. Elle avait réussi à lui tirer les vers du nez pendant le déjeuner. Ç'avait été difficile ? demandai-je avec une pointe de jalousie. Lorna éclata de rire. Bon, il l'avait plusieurs fois invitée à s'asseoir à côté de lui, et cette fois-ci elle avait accepté.

— Ils étaient l'un et l'autre plutôt décontenancés, précisa Lorna. Quel que soit le produit injecté, il n'avait laissé aucune trace. Ils n'ont absolument rien trouvé, il m'a avoué que lui aussi aurait pu signer un certificat de mort naturelle. Or, il existe néanmoins une explication : une substance relativement récente, tirée d'un champignon, l'amanite tue-mouches, pour laquelle on n'a pas encore découvert de réactif susceptible de la détecter. Elle a été présentée l'année dernière à Boston, à l'occasion d'un congrès très fermé de médecine. Le plus bizarre, et le plus intéressant, c'est que cette drogue représente une espèce de secret chez les médecins légistes, il paraît qu'ils se sont juré de ne pas la diffuser, ni même de donner son nom. Par conséquent, est-ce qu'il ne faudrait pas chercher le meurtrier parmi ces médecins légistes ?

— Ou bien parmi les infirmières qui déjeunent avec eux. Et puis on peut ajouter les secrétaires qui ont tapé les actes du congrès, les chimistes et biologistes qui ont identifié la substance et sans doute aussi la police… je suppose qu'elle est au courant.

— Malgré tout, répliqua Lorna un peu vexée, ça réduit considérablement les recherches : on ne trouve pas ce genre de truc dans n'importe quelle pharmacie.

— Là, je suis d'accord, dis-je, sur un ton conciliant. Nous dînons ensemble, ce soir ?

— Je vais sortir très tard, mais demain je peux. Six heures et demie à l'*Eagle and Child* ?

Je me souvins du rendez-vous avec Petersen.

— C'est possible à huit heures ? Je ne suis toujours pas habitué à dîner si tôt.

Lorna pouffa.

— O.K., respectons pour une fois l'horaire gaucho.

13.

Une femme policier très mince et desséchée, presque transparente sous son uniforme, nous conduisit par un escalier au bureau de Petersen. Nous entrâmes dans une vaste pièce aux murs d'un saumon vif, qui conservait l'arrogante austérité anglaise de l'après-guerre, sans condescendre à aucun luxe. Il y avait quelques hautes armoires à archives en métal et un bureau en bois d'une simplicité surprenante. Une fenêtre en plein cintre laissait entrevoir un coude de la Tamise ; au cours de cet après-midi indolent d'été, les étudiants étendus sur la berge pour profiter des derniers rayons de soleil et l'eau immobile et dorée me rappelaient les tableaux de Roderick O'Conor que j'avais vus à Londres, à la galerie Barbican. Dans son bureau, presque renversé dans son fauteuil, Petersen semblait plus serein. On aurait dit que son attitude méfiante avait en partie disparu, ou tout simplement qu'il avait cessé de nous tenir pour suspects, et voulait nous prouver qu'il pouvait remplacer, le cas échéant, son masque de policier par la rituelle apparence britannique du savoir-vivre. Il se leva pour nous avancer des chaises austères, à haut dossier, dont la tapisserie était un peu élimée et lustrée par les frottements. Tandis qu'il regagnait sa place, derrière le bureau, je pus examiner la photo qui se trouvait à un angle de la table, dans un cadre en argent : on l'y apercevait très jeune, de profil, aidant une petite fille à grimper sur un cheval. D'après ce que m'avait raconté Seldom, je m'attendais à voir des dossiers, des coupures de journaux, peut-être des photos sur les murs relatives aux cas qu'il avait élucidés ; dans cette pièce parfaitement anonyme, il était difficile de savoir si Petersen était d'une modestie exemplaire, ou plutôt ce genre de personne qui cache tout d'elle-même afin de tout découvrir chez les autres. Il sortit d'une poche intérieure de sa veste une paire de lunettes, qu'il essuya à l'aide d'un bout de flanelle, tout en jetant un coup d'œil sur plusieurs feuilles volantes posées sur son bureau.

— Bien, dit-il, je vais vous lire l'essentiel de ce rapport. Notre psychiatre penche pour un homme, d'environ trente-cinq ans. Elle l'appelle Mr. M., je suppose à cause de *meurtrier*. M., suggère-t-elle, est sans doute né au sein d'une famille de la classe moyenne basse, dans un petit village ou dans la banlieue d'une grande ville. Il s'agit peut-être d'un fils unique ou, en tout cas, de quelqu'un qui s'est très tôt illustré dans quelque activité intellectuelle : les échecs, les mathématiques, la lecture, une pratique inhabituelle dans son environnement familial. Ses parents ont confondu cette précocité avec une certaine forme de génie et cela l'a écarté, durant son enfance, des jeux et occupations des enfants de son âge. Il aurait pu être la cible de leurs moqueries, une situation accentuée par un éventuel trait de disgrâce physique : une voix efféminée, l'utilisation de lunettes, l'obésité… Ces moqueries ont poussé à l'extrême son isolement et lui ont fait concevoir ses premiers rêves de vengeance. Dans ces rêves, M. imagine, typiquement, que son talent triomphe et lui permet d'écraser, grâce à ce succès, ceux qui l'humilient. Arrive enfin le moment de l'épreuve, ce moment attendu depuis tant d'années. Un certain type de concours d'une importance particulière, ou l'examen d'entrée à l'université, dans sa discipline de prédilection. C'est là sa grande chance, la possibilité de fuir son village et d'accéder à cette seconde vie pour laquelle il s'est préparé en silence, de façon obsessionnelle, durant toute son adolescence. Mais c'est alors que se produit l'imprévu : les examinateurs commettent une injustice quelconque et M. est recalé. Cela provoque la première faille, ce que l'on appelle le syndrome Ambere, du nom de l'écrivain chez qui on étudia, pour la première fois, cette variété de névrose.

Petersen ouvrit l'un de ses tiroirs et posa sur la

table un gros dictionnaire de psychiatrie ; un petit bout de papier dépassait des premières pages.

— Il m'a semblé intéressant de revenir sur ce cas initial. Voyons : Jules Ambere était un obscur écrivain français plongé dans la misère, qui envoya en 1927 le manuscrit de son roman aux éditions G…, à cette époque le principal éditeur de France. Il y avait consacré de nombreuses années, le corrigeant avec une méticulosité fanatique. Six mois s'écoulent et il reçoit une lettre probablement cordiale, signée par l'un des directeurs, une lettre qu'il a conservée jusqu'au dernier instant. Dans cette lettre on lui témoigne de l'admiration pour son livre et on lui propose de venir à Paris pour discuter les conditions d'un contrat. Ambere met en gage ses rares objets de valeur afin de se payer le voyage, mais le rendez-vous se solde par un fiasco. On l'invite à déjeuner dans un restaurant de luxe, ses vêtements détonnent, il se tient mal à table, il s'étrangle avec une arête de poisson. Rien de très grave, mais le contrat n'est pas signé ; Ambere, mortifié, retourne dans son village. Il se promène partout avec la lettre dans sa poche et n'arrête pas de répéter sa petite histoire à ses amis, des mois durant. La seconde caractéristique récurrente, c'est cette période d'incubation et de fixation qui peut durer des années. D'autres auteurs l'appellent le syndrome de l'« occasion perdue », pour insister sur cet aspect : l'acte d'injustice se produit lors d'un événement décisif, à un point d'inflexion où la vie de l'individu aurait pu connaître un changement radical. Pendant la période d'incubation, il revient de façon obsessionnelle sur cet unique instant, sans parvenir à renouer le fil de sa vie antérieure, ou bien sa réadaptation n'est que superficielle, et il commence à caresser des rêves furieusement assassins. Cette période s'achève quand apparaît ce qui est défini, dans la littérature psychiatrique, comme une « seconde chance », une conjonction de circonstances qui recréent en partie ce moment, ou sont assez ressemblantes pour en donner l'illusion. Beaucoup d'auteurs établissent ici une analogie avec le conte du génie à la lampe merveilleuse des *Mille et Une Nuits*. Dans le cas d'Ambere, la seconde chance est particulièrement limpide, mais en général le schéma peut être beaucoup plus vague. Treize ans après ce refus, une lectrice récemment engagée par les éditions G… retrouve par hasard le manuscrit au cours d'un déménagement, l'écrivain est de nouveau invité à Paris. Cette fois-ci, Ambere s'habille avec le plus grand soin, pendant le repas il veille à avoir de bonnes manières, il bavarde sur un ton parfaitement badin et ouvert, et quand arrive le dessert il étrangle la femme à table, avant que les garçons n'aient le temps d'intervenir.

Petersen haussa un sourcil et laissa de côté le dictionnaire, pour revenir au rapport ; il balaya du regard la deuxième page avant de la tourner, puis il parcourut rapidement les premiers paragraphes de la troisième.

— L'étude aborde seulement ici le sujet qui nous intéresse. La psychiatre assure que nous n'avons pas affaire à un psychopathe. Le comportement des psychopathes se caractérise par une absence de remords et une exacerbation progressive de la cruauté qui a un certain rapport avec la nostalgie : la quête d'un fait susceptible de l'émouvoir. Dans ce cas, ce qui se manifeste, jusqu'à présent, c'est au contraire une forme de délicatesse, un souci de causer le moins de dommages possible… Le docteur, comme vous, dit-il en levant les yeux un moment vers Seldom, paraît trouver ce détail particulièrement fascinant. À son avis, la « seconde chance » de M. lui a été offerte par le chapitre de votre ouvrage sur les crimes en série. Notre homme renaît à la vie. M. recherche en même temps la vengeance et l'admiration, l'admiration de ce groupe auquel il a toujours voulu appartenir et dont il a été injustement expulsé. Et elle, au moins, le docteur, elle ose proposer ici une interprétation possible des signes. Dans ses transports mégalomanes, M. se sent l'âme d'un créateur, une autre fois, M. veut donner un nom aux choses. Il se perfectionne et il perfectionne sa création : les symboles rendent compte, comme dans l'Ecclésiaste, des étapes d'une évolution. Elle suggère donc que le prochain symbole pourrait être un oiseau.

Petersen rassembla les feuilles et regarda Seldom.

— Cela coïncide avec vos pensées ?

— Pas pour ce qui est du symbole. Je crois encore que, si les messages sont adressés à des mathématiciens, la clef devrait être aussi, en un certain sens, mathématique. Le rapport fournit-il une explication au sujet de cette « légèreté » qui caractérise les morts ?

— Oui, répondit Petersen en revenant aux pages qu'il avait sautées, j'ai le regret de vous dire que pour la psychiatre ces crimes constituent une forme d'hommage à votre égard. Chez M. se mêlent le désir fondamental de vengeance et le désir, beaucoup plus intense, d'appartenir au monde que vous représentez, de recevoir des marques d'admiration, même horrifiée, de la part de ceux qui l'ont rejeté. Voilà pourquoi il choisit, pour le moment, un type de meurtre qu'approuverait, suppose-t-il, un mathématicien, avec un minimum d'éléments, aseptisé, sans cruauté, presque abstrait. M. essaie à sa façon, comme au cours de la première étape d'une passion amoureuse, de vous être agréable. Les crimes sont aussi des offrandes. La psychiatre a tendance à penser que M. est un homosexuel refoulé habitant seul, mais elle n'écarte pas la possibilité qu'il se soit marié, et que même maintenant il mène une vie familiale banale, qui camouflerait ses activités secrètes. Elle ajoute qu'à cette étape initiale de séduction peut succéder, faute d'un signe de réponse, une seconde étape de colère, avec des assassinats plus sanguinaires, ou visant des personnes beaucoup plus proches de vous.

— Eh bien, on dirait presque que cette femme le connaît personnellement, il lui reste juste à nous préciser s'il a un grain de beauté sous l'aisselle gauche, s'exclama Seldom.

Je ne pus distinguer si son ton exprimait seulement de l'ironie ou une pointe d'irritation contenue. Je me demandai s'il avait été choqué par l'allusion aux homosexuels.

— Je crains que les mathématiciens ne soient capables que de formuler des hypothèses beaucoup plus modestes. Mais, en tout cas, j'ai réfléchi à notre conversation et j'ai pensé que je devrais peut-être vous révéler mon idée… (Il chercha son carnet dans sa poche, emprunta un stylo sur la table et griffonna deux traits que je ne parvins pas à distinguer. Il arracha la feuille puis la plia en deux et la tendit à Petersen.) Voilà, vous avez à présent deux suites possibles de la série.

Dans sa façon de plier le papier en le lui remettant, il y eut un je-ne-sais-quoi de confidentiel que Petersen parut saisir. Il déplia la feuille, y jeta un coup d'œil, demeura un moment silencieux avant de la replier et de la ranger dans un tiroir de son bureau, sans piper mot. Dans le petit duel qui avait opposé les deux hommes, Petersen se contentait peut-être d'avoir arraché le symbole à Seldom et ne désirait pas pour l'instant le harceler de questions supplémentaires ; ou bien il se réservait simplement pour une conversation en privé. J'eus l'idée de m'en aller pour les laisser seuls, mais ce fut Petersen qui se leva pour prendre congé de nous, le visage barré d'un sourire inespérément cordial.

— Vous avez eu les résultats de la seconde autopsie ? demanda Seldom tandis qu'il se dirigeait vers la porte.

— Il s'agit aussi d'un petit mystère intéressant, répondit Petersen. Les médecins légistes étaient troublés au début : ils n'avaient trouvé, dans l'organisme, aucune trace d'une substance connue, ils ont même imaginé que ce pourrait être une drogue invisible très récente, dont je n'avais jamais entendu parler. Mais ça, au moins, je crois l'avoir résolu, dit-il, et dans ses yeux je décelai pour la première fois quelque chose qui ressemblait à de la fierté : il se croit peut-être très intelligent, mais à nous aussi ça nous arrive de penser de temps à autre.

14.

Nous sortîmes en silence du commissariat et revînmes par St. Aldates jusqu'à Carfax Tower sans échanger un mot.

— Il faut que j'achète du tabac, dit Seldom. Vous m'accompagnez au Covered Market ?

J'acquiesçai de la tête et nous tournâmes à High Street, sans que j'eusse repris la parole. Seldom se sourit à lui-même.

— Vous êtes furieux parce que je n'ai pas partagé le symbole avec vous. Mais, croyez-moi, j'ai mes raisons.

— Différentes de celles dont vous m'avez parlé hier, dans le parc ? À présent que vous l'avez montré à Petersen, je ne vois pas très bien en quoi le fait que je le connaisse pourrait aggraver la situation.

— Ça pourrait la… modifier, répondit Seldom, mais ce n'est pas exactement la raison. Ce que je veux éviter, c'est que mes conjectures interfèrent avec les vôtres. J'agis de la sorte avec mes élèves de doctorat : j'essaie de ne pas les devancer par mes propres raisonnements. Dans la pensée d'un mathématicien, le plus précieux est ce moment solitaire de la première intuition. Même si vous en doutez, je me fie plus à vous qu'à moi pour trouver l'idée exacte : vous étiez là au début et le début, comme le dirait Aristote, est la moitié du tout. Vous avez tout enregistré, j'en suis sûr, même sans savoir de quoi il s'agit, et puis, surtout, vous n'êtes pas anglais. La matrice se trouve dans ce premier meurtre, ce cercle est comme le zéro des nombres naturels, un symbole doué de la plus grande indétermination, certes, mais qui en même temps détermine tout.

Nous étions entrés dans le marché et Seldom tarda longtemps à choisir son mélange de tabac dans la boutique d'une femme indienne. La femme, qui s'était levée de son tabouret pour le servir, portait une robe longue et enveloppante en soie et un signe vert émeraude sur le front. À son oreille gauche était accroché un anneau en argent, une espèce de ruban circulaire. En y regardant de plus près, je vis qu'il s'agissait en réalité d'un serpent enroulé sur lui-même. Je me rappelai soudain les propos de Seldom sur l'Ouroboros des gnostiques et je ne pus résister à mon envie de l'interroger à ce sujet.

— *Shunyata*, me dit-elle, en effleurant la tête du serpent : le vide et la totalité. Le vide de chaque chose séparément, la totalité qui les embrasse. Difficile, difficile à comprendre. La réalité absolue, par-dessus toutes les négations. L'éternité, ce qui n'a ni début ni fin... La réincarnation.

Elle pesa soigneusement, avec une balance de précision, les feuilles de tabac et échangea encore quelques mots avec Seldom en lui rendant la monnaie. Nous parcourûmes le dédale formé par les éventaires jusqu'à la sortie ; dans la rue, sous les arcades, nous découvrîmes Beth debout à côté d'une petite table, distribuant des tracts publicitaires de l'orchestre du Sheldonian. Ils organisaient un spectacle de bienfaisance et les musiciens, nous précisa-t-elle, se relayaient pour vendre les billets. Seldom s'empara de l'un des programmes.

— Le concert de 1884 avec véritables canons et feux d'artifice à Blenheim Palace, dit-il. Je crains que vous ne puissiez vous échapper d'Oxford sans aller, au moins une fois, à un concert avec feux d'artifice. Laissez-moi vous inviter, et il tira de sa poche l'argent pour deux billets.

Je n'avais plus bavardé avec Beth depuis mon voyage à Londres ; tandis qu'elle cherchait les talons et écrivait les numéros des places, j'eus l'impression qu'elle fuyait mon regard. En tout cas, cette rencontre paraissait la gêner.

— Je pourrai enfin te voir jouer ? lui demandai-je.

— Ce sera sans doute mon dernier concert. (Ses

yeux croisèrent un instant ceux de Seldom, comme si c'était une nouvelle qu'elle n'avait encore annoncée à personne et qu'elle n'était pas très sûre de son approbation.) Je me marie à la fin du mois et je vais demander un congé... je ne pense pas continuer à jouer après.

— Dommage, dit Seldom.

— Que j'arrête de jouer ou que je me marie ? répliqua Beth, et elle esquissa un sourire sans joie à sa propre plaisanterie.

— Les deux ! m'écriai-je.

Ils éclatèrent tous deux de rire. Ma phrase semblait leur avoir procuré un soulagement inattendu ; en les voyant rire de la sorte, je songeai de nouveau à ce que m'avait dit Seldom, que je n'étais pas anglais. Même dans ce rire spontané, il y avait quelque chose de contenu, comme s'ils s'accordaient une liberté rare dont ils ne devaient pas abuser. Bien que Seldom eût pu arguer de sa nationalité écossaise, on retrouvait de toute façon chez eux, dans leurs gestes, ou plutôt dans cette scrupuleuse économie de gestes, un indéniable air de famille.

Nous sortîmes par Cornmarket Street et je signalai à Seldom une affiche, sur l'un des panneaux municipaux, que j'avais déjà aperçue auparavant à l'entrée de la bibliothèque Bodléienne. C'était l'annonce d'une table ronde à laquelle participeraient l'inspecteur Petersen et un auteur local de romans policiers : « Le crime parfait existe-t-il ? » Le titre de la conférence fit s'arrêter un moment Seldom.

— Vous croyez que c'est un appât de Petersen ? me demanda-t-il. Je n'y avais pas pensé.

— Non, cette manifestation est prévue depuis près d'un mois. Et j'imagine que si on voulait lui tendre un piège, on vous aurait invité vous aussi.

— *Crimes parfaits*… Il y a un livre qui porte ce titre et que j'ai consulté lorsque j'essayais d'établir des analogies entre la logique et les enquêtes criminelles. L'ouvrage passait en revue des dizaines de cas jamais résolus. Le plus intéressant, dans le cadre de mes recherches, c'était celui d'un médecin, Howard Green, qui d'après moi parvint à la formulation la plus précise du problème. Il voulait tuer sa femme et il écrivit un journal minutieux, vraiment scientifique, sur toutes les ramifications possibles et adverses. Ce n'était pas difficile, concluait-il, de l'assassiner d'une façon qui empêcherait la police d'inculper définitivement qui que ce soit. Il proposait quatorze méthodes différentes, certaines véritablement ingénieuses. Ce qui se révélait beaucoup plus ardu, c'était d'échapper soi-même et à jamais à tout soupçon. Le principal danger pour le criminel, affirmait-il, ce n'était pas l'enquête sur les faits qui s'étaient déroulés en amont – on pouvait toujours trouver des solutions à ça en effaçant ou en brouillant les pistes avec une préparation suffisante du meurtre –, mais les pièges successifs qu'on allait lui tendre *en avant*. La vérité, écrivit-il en termes presque mathématiques, est rigoureusement unique : tout écart par rapport à la vérité est toujours réfutable. Lui-même saurait, lors de chaque interrogatoire, ce qu'il avait fait, et chacun des alibis auxquels il songeait comportait nécessairement un élément d'erreur susceptible d'être découvert avec la patience adéquate. Aucune des alternatives qu'il analyse ne le convainc : la faire tuer par un autre, maquiller l'assassinat en suicide ou en accident, etc. Il parvient alors à la conclusion qu'il doit fournir à la police un autre coupable, un qui soit évident et immédiat et permette ainsi de clore l'enquête. Le crime parfait, écrit-il, n'est pas celui qui reste mystérieux, mais celui qui est résolu avec un faux coupable.

— Et il la tue, finalement ?

— Oh non ! *C'est elle qui le tue*. Un soir elle découvre le journal, ils ont une terrible dispute, elle se défend avec un couteau de cuisine et elle réussit à le blesser mortellement. C'est du moins ce qu'elle raconte au tribunal. Le jury, horrifié par la lecture du journal et les photos de ses hématomes, estime qu'il s'agit d'un cas de légitime défense et la déclare innocente. En réalité, le crime figure dans cet ouvrage à cause d'elle : longtemps après sa mort, des étudiants en graphologie ont démontré que l'écriture, dans le cahier du Dr Green, était une imitation quasi parfaite, mais n'était certainement pas la sienne. Et ils ont trouvé aussi ce petit détail fascinant : l'homme qu'elle avait discrètement épousé par la suite était un copiste d'illustrations et d'œuvres d'art anciennes. J'aimerais savoir lequel des deux a rédigé le journal : c'est un pastiche magistral du style scientifique. Ils avaient fait preuve d'une audace incroyable car le journal, qui fut lu pendant le procès, décrivait et révélait point par point ce qu'ils avaient fait. Mentir à l'aide de la vérité, en jouant cartes sur table, comme un tour de magie à mains nues... À propos, vous avez entendu parler d'un mage argentin qui s'appelle René Lavant ? Quand on l'a vu une fois on ne peut plus l'oublier.

Je fis non de la tête, le nom n'éveillait rien en moi, pas même un vague souvenir.

— Non ? demanda Seldom, surpris. Il faut que vous le voyiez en action. Je sais qu'il va bientôt venir à Oxford, nous pourrons y aller ensemble. Vous vous rappelez notre conversation à Merton College, au sujet de l'esthétique des raisonnements dans diverses disciplines ? Comme je vous l'avais expliqué, je me suis d'abord inspiré de la logique des enquêtes criminelles. Et ensuite de la magie. Mais je suis heureux que vous ne le connaissiez pas, ajouta-t-il avec un enthousiasme enfantin, ça me fournira l'occasion d'assister encore à son spectacle.

Nous étions arrivés en face de la porte de l'*Eagle and Child*. Je distinguai Lorna à travers une fenêtre. Elle nous tournait le dos, assise, ses cheveux roux rejetés en arrière, et elle faisait distraitement tourner sur la table le dessous de verre rond en carton. Seldom, qui avait sorti d'un geste machinal son paquet de tabac, suivit mon regard.

— Allez-y, je vous en prie, allez-y, dit-il. Lorna n'aime pas attendre.

15.

Près de deux semaines s'écoulèrent sans rien de nouveau. Durant ces journées, je perdis aussi de vue Seldom ; j'appris néanmoins, au hasard d'une conversation avec Emily, qu'il était à Cambridge ; il participait à l'organisation d'un séminaire sur la théorie des nombres. « Andrew Wiles est persuadé qu'il peut prouver la dernière conjecture de Fermat », m'avait dit Emily, amusée, comme si elle faisait allusion à un gamin incorrigible, et « Arthur est l'un des rares qui le prennent au sérieux ». Pour la première fois de ma vie, j'entendais le nom de Wiles. J'avais imaginé, jusqu'à présent, que désormais plus aucun mathématicien professionnel ne s'intéressait au dernier théorème de Fermat. Après trois cents ans de batailles, et surtout après Kummer, le théorème était devenu le paradigme du problème considéré comme infaisable par les mathématiciens. L'on savait, en tout cas, que la solution se trouvait au-delà de tous les outils connus, et que le défi était assez difficile pour consumer la carrière et la vie de quiconque oserait le relever. Quand j'évoquai la question auprès d'Emily, elle acquiesça ; cela paraissait représenter, pour elle aussi, un petit mystère.

— Et pourtant, ajouta-t-elle, Andrew a été mon élève, et s'il y a quelqu'un au monde capable de le résoudre, je parierais également sur lui.

De mon côté, j'acceptai au cours de ces semaines une invitation à une école de théorie des modèles à Leeds, mais au lieu de prêter attention aux conférences, je me retrouvais, à chaque séance, en train de dessiner dans les marges de mon cahier, telle une espèce d'invocation au vide, les symboles du cercle et du poisson. J'avais essayé de lire entre les lignes dans le journal les informations pendant les journées qui avaient suivi la mort de Clark ; en raison peut-être d'une intervention de Petersen, l'éventuelle connexion entre les deux crimes n'était mentionnée qu'en passant et, bien que l'on décrivît le symbole du poisson, le journal restait dans le vague à ce sujet et penchait plutôt pour une sorte de signature. J'avais demandé à Lorna de m'envoyer par écrit et en détail toutes les nouvelles ; je ne reçus pas alors un rapport mais une lettre manuscrite d'un genre que j'avais cru disparu, ou que je n'aurais pas associé à elle : longue, tendre, inattendue, c'était une lettre d'amour. Quelqu'un parlait, dans le séminaire, de l'expérience de la chambre chinoise et, tandis que je relisais les phrases de Lorna qui paraissaient avoir été conçues dans un transport qu'elle n'avait pas voulu refréner, je songeai au mystère le plus déchirant de la traduction : que dit-il, que veut dire réellement l'autre quand il glisse sous la porte une feuille avec le terrible mot ? Je transcrivis dans ma réponse la prière de Majnun dans l'un de ses vers adressés à Laylâ :

Ô Dieu, fais que l'amour entre elle et moi soit pareil
Que nul ne dépasse l'autre
Fais que nos amours soient identiques,
Tels les deux termes d'une équation.

Je revins à Oxford le jour du concert. Dans mon casier à l'Institut je trouvai un petit croquis, déposé par Seldom, avec des indications et plusieurs façons de me rendre à Blenheim Palace ainsi qu'une heure de rendez-vous. L'après-midi, alors que je finissais de m'habiller, j'entendis frapper à la porte. C'était Beth, et je restai un moment muet, incapable d'en détacher les yeux. Elle portait une robe noire, au décolleté profond, et des gants qui lui couvraient les bras presque jusqu'aux coudes. Ses épaules étaient complètement nues ; sa chevelure, rejetée en arrière, laissait à découvert la ligne ferme de son menton et son cou long et mince. Elle était, pour la première fois, maquillée ; la transformation ne pouvait pas être plus renversante. Elle sourit nerveusement sous mon regard.

— Nous avons pensé avec Michael que tu pourrais peut-être nous accompagner en auto, si ça ne t'embête pas d'arriver un peu en avance. Nous sommes déjà sur le départ.

Je pris un pull-over fin, en fil, et la suivis dans le chemin qui longeait le jardin. Je n'avais vu qu'une seule fois Michael, de loin, depuis la fenêtre de ma chambre. Il était en train de charger le violoncelle de Beth sur le siège arrière et, quand il sortit finalement pour me saluer, j'aperçus un visage jovial et innocent, avec les bonnes joues rouges d'un paysan ou d'un heureux buveur de bière. Il était très grand et corpulent, mais il y avait quelque chose de mou dans ses traits qui me rappela la phrase méprisante de Beth. Il était vêtu d'un frac fripé, qu'il ne parvenait plus à fermer sur son abdomen. Une mèche de cheveux filasse longs et raides lui retombait sur le front, et je constatai que le mouvement qu'il faisait pour les rejeter en arrière à l'aide de deux doigts était devenu un tic. Il aura bientôt la boule à zéro, songeai-je avec malveillance.

L'auto démarra et nous sortîmes des méandres du chemin en roulant au pas. Alors que nous approchions du carrefour avec l'avenue, les phares éclairèrent sur la chaussée l'animal éventré que personne n'avait enlevé. Michael donna un brusque coup de volant pour éviter de passer dessus, puis il ouvrit sa vitre afin de regarder la dépouille, étalée sur la grande tache de sang séché. Les restes étaient à présent complètement aplatis mais ils conservaient encore une forme monstrueuse en deux dimensions.

— C'est un *angstum*, dit-il à Beth ; il doit être tombé de l'arbre.

— Il est là depuis des jours, précisai-je, j'ai été obligé de le contourner juste quand on venait de l'écraser. Je crois qu'il avait un petit. C'est la première fois que je voyais un animal comme ça.

Beth se pencha par-dessus le bras de Michael et jeta un regard rapide, sans trop de curiosité.

— C'est une espèce de marsupial, comme un grand rat ; il me semble qu'on en trouve aussi en Amérique, dans les marécages du Sud. Le petit est sans doute tombé de sa poche et la mère a sauté derrière lui pour le protéger. L'*angstum* ferait tout pour sauver son petit, dit-elle.

— Personne ne va ramasser les restes ? demandai-je.

— Non. Les cantonniers sont superstitieux. Aucun d'entre eux n'aurait le courage de toucher à un *angstum*, ils croient que ça transmet la mort. Mais les voitures en auront bientôt effacé la trace.

Michael accéléra pour prendre l'avenue avant que le feu ne passe au rouge. Quand la voiture se fut coulée dans le flot normal de la circulation, il se retourna vers moi afin de me poser les questions courtoises habituelles. Je me souvins d'un écrivain anglais, sans doute Virginia Woolf, qui avait excusé une fois le formalisme social de ses compatriotes en expliquant que la conversation initiale à propos du temps, banale en apparence, visait à établir un climat d'entente et une atmosphère agréable avant d'aborder des sujets plus importants. Mais j'en venais à me demander si la seconde étape existait réellement, si j'arriverais au moins une fois à découvrir ces sujets plus importants. À un moment, je les interrogeai sur leur rencontre, sur la façon dont ils s'étaient connus. Beth répondit qu'ils s'asseyaient l'un à côté de l'autre dans l'orchestre, comme si l'explication était suffisante et, à vrai dire, plus je les regardais et plus cela semblait être, sans l'ombre d'un doute, l'unique explication. Contiguïté, routine, répétition, l'amalgame le plus efficace. Ça n'avait même pas été, comme pouvaient l'affirmer d'autres femmes, le « premier venu » ; ç'avait été quelque chose de plus immédiat : « celui qui était assis le plus près ». Qu'en savais-je ? Non, bien entendu je ne pouvais pas *savoir*, mais je soupçonnais que le seul attrait de Michael était d'avoir été choisi avant par une autre femme.

L'automobile déboucha sur le périphérique et pendant quelques minutes, tandis que Michael accélérait sur l'autoroute et que nous croisions des panneaux publicitaires semblables à des éclairs, j'eus l'impression de revenir dans le monde moderne. Nous tournâmes en direction de Woodstock, par une étroite bande d'asphalte flanquée d'arbres des deux côtés. Les branches s'entrelaçaient au-dessus de la route, formant un long tunnel qui ne laissait entrevoir que le prochain virage. Nous traversâmes le petit village, parcourûmes sur environ deux cents mètres un chemin latéral puis, après avoir franchi un arc en pierre, nous vîmes apparaître, sous le dernier soleil du soir, les immenses jardins, le lac, et la silhouette majestueuse du château, avec ses coupoles dorées et les statues en marbre penchées aux balustrades telles des vigies. Nous garâmes la voiture dans le parking d'entrée. Beth et Michael traversèrent le jardin, avec leurs instruments, jusqu'au kiosque où étaient installés les pupitres et les sièges destinés aux musiciens de l'orchestre. Les chaises du public, encore vides, avaient été rangées, par une main amoureuse des détails, en d'impeccables demi-cercles concentriques. Je me demandai combien de temps allait durer ce petit prodige de géométrie une fois les gens arrivés, et si quelqu'un d'autre aurait la chance d'admirer ce travail. Je décidai de flâner dans le bois et au bord du lac pendant la demi-heure d'attente. Un homme très vieux, vêtu d'un uniforme gris, s'efforçait de regrouper les paons du jardin afin de les mettre à l'abri. J'aperçus quelques chevaux en liberté à travers les arbres. Je croisai sur mon chemin un homme promenant deux chiens, qui me salua d'un coup de chapeau. Lorsque j'atteignis l'extrémité du lac, la nuit était tombée. Je regardai en direction du château ; toute la façade s'illumina, avec l'éclat serein d'un bijou ancien, comme si on avait actionné un gigantesque interrupteur. Le lac, où la lueur se reflétait, paraissait s'étendre bien au-delà de ce que j'avais imaginé. Je renonçai à en faire le tour et revins par le même itinéraire. La plupart des chaises étaient déjà occupées et je fus ébahi par la quantité de gens qui continuaient à arriver en petits cortèges parfumés, les femmes relevant les traînes de leurs robes longues. Je vis que Seldom me faisait des signes, en brandissant le programme, depuis l'une des premières rangées. Il était d'une élégance surprenante, vêtu d'un smoking et d'une lavallière noire. Nous bavardâmes un moment à propos du séminaire qu'il était en train d'organiser à Cambridge, du secret entourant la présentation de Wiles et très brièvement de mon voyage à Leeds. Je me retournai et aperçus deux employés qui s'empressaient de rajouter des sièges pour former une rangée supplémentaire.

— Je ne m'attendais pas à une telle foule, dis-je.

— En effet, répondit Seldom. Presque tout Oxford est là : voyez, et il indiqua du regard des places situées derrière, à droite.

Je me tournai de nouveau, plus discrètement, et je vis Petersen accompagné d'une femme très jeune, sans doute la gamine blonde qui apparaissait sur la photo. L'inspecteur nous fit un petit salut de la tête.

— Et il y a quelqu'un d'autre que je rencontre partout, poursuivit Seldom : deux rangées derrière nous, le type en costume gris qui feint de lire le programme. Vous le reconnaissez, sans l'uniforme ? C'est le lieutenant Sacks. Petersen semble croire que notre homme peut essayer une approche plus directe la prochaine fois.

— Alors, vous lui avez de nouveau parlé ?

— Seulement par téléphone. Il m'a demandé de lui écrire, dans les termes les plus simples possible, la justification du troisième symbole, la loi d'élaboration de la série telle que je la conçois. Je lui ai envoyé l'explication depuis Cambridge. Elle tient à peine dans une demi-page, au contraire de ce rapport si… imaginatif qu'il nous a lu. Le pouvoir de séduction des conjectures psychiatriques est très intéressant. Même si elles sont fausses, voire absurdes, elles se révèlent toujours plus attrayantes qu'un raisonnement logique. Les gens éprouvent une résistance naturelle, une méfiance instinctive à l'encontre des schémas rationnels. Et si on étudie la formation historique de la logique dans le cerveau humain, même s'ils se trompent complètement, on trouve peut-être, au cœur de cette résistance, quelque fondement.

Seldom avait baissé insensiblement la voix. Les murmures cessèrent autour de nous et les lumières s'éteignirent presque. Un puissant faisceau blanc éclaira dramatiquement les musiciens dans le kiosque. Le chef d'orchestre tapa deux coups brefs sur son pupitre, étendit la main vers le violoniste, et nous écoutâmes les premières notes solitaires de la sonate d'ouverture, telle une volute de fumée qui s'efforcerait de monter et de se frayer un passage à l'aveuglette, dans le silence.

Avec une douceur extrême, comme s'il cueillait des fils subtils dans l'air, le chef d'orchestre fit entrer en scène Beth et Michael, les instruments à vent, le piano, et enfin le percussionniste. J'observai Beth ; de fait, même quand je parlais à Seldom, je n'avais jamais cessé de l'observer. Je me demandai si c'était là, sur scène, que s'établissait la véritable communion avec Michael, mais ils paraissaient concentrés, absorbés l'un et l'autre dans la partition dont ils tournaient rapidement les pages. Un brusque coup de cymbales me faisait à chaque instant lever les yeux sur le percussionniste. C'était, de loin, le plus âgé de l'orchestre, un homme très grand, voûté par les années, dont la moustache blanche aux pointes un peu jaunissantes avait dû être, à une certaine époque, sa fierté. Son aspect fragile et flageolant tranchait avec la vigueur spasmodique de ses coups, comme s'il cachait à la vue d'autrui les symptômes avant-coureurs d'une maladie de Parkinson. Je remarquai qu'après chacune de ses interventions il mettait ses mains derrière son dos, et que le chef d'orchestre s'efforçait, par des gestes comiques, de modérer ses ardeurs. Il y eut un crescendo majestueux, puis le chef marqua le finale par un mouvement énergique, avant de se retourner et de recevoir, avec une inclination de la tête, les premiers applaudissements du public.

Je demandai le programme à Seldom. La pièce suivante était *Cheyenne Autumn*, d'Aaron Copland, la troisième de la série des saisons, pour triangle et orchestre. Je rendis le programme à Seldom, qui, à son tour, y jeta un rapide coup d'œil.

— Peut-être verrons-nous à présent les premiers feux d'artifice, me chuchota-t-il.

Je suivis son regard vers le toit du château, où l'on devinait, confondues avec les sculptures de la frise, les ombres furtives des hommes qui préparaient les salves. Il se fit un grand silence, les lumières pointées sur l'orchestre s'éteignirent, et le cercle du projecteur éclaira seulement le vieux percussionniste qui, tel un personnage spectral, brandissait le triangle. Nous écoutâmes le tintement hiératique et lointain, semblable au goutte-à-goutte du dégel dans des coulées de givre. Une lumière orangée, qui voulait peut-être représenter une aurore, fit réapparaître le reste de l'orchestre. Le triangle lutta en contrepoint contre les flûtes, jusqu'à ce que le tintement disparût du motif principal, puis le projecteur se déplaça vers le piano pour ouvrir la seconde mélodie. Les autres instruments se joignirent bientôt à ce qui ressemblait à une lente éclosion de fleurs. La baguette du chef d'orchestre marqua soudain, aux trombones, le rythme effréné de chevaux sauvages galopant dans la plaine. Tous les musiciens se plièrent à cette poursuite infernale jusqu'à ce que la baguette pointât de nouveau l'estrade du percussionniste. Le faisceau de lumière l'éclaira une seconde fois, dans l'attente du point d'orgue, mais nous vîmes, sous cette lumière blanche et crue, qu'il se passait quelque chose de terrible.

Le vieux tenait encore son triangle dans la main ; il semblait essayer de respirer dans le vide. Il lâcha le triangle, qui produisit une dernière fausse note en tombant, puis il descendit, chancelant, de son estrade, suivi par le projecteur, comme si l'œil de l'éclairagiste ne pouvait plus se détacher de la fascination horrifiée qu'exerçait la scène. Il tendit l'un de ses bras vers le chef d'orchestre, dans une supplication muette, puis porta ses deux mains à son cou ; on aurait dit qu'il bataillait contre une main invisible l'étranglant sans pitié. Il tomba à genoux. Un chœur de cris suffoqués s'éleva, tandis qu'une partie des spectateurs du premier rang se levaient de leurs sièges. Les musiciens entouraient le vieillard et réclamaient désespérément un médecin. Un homme se fraya un passage depuis notre rang pour parvenir au kiosque. Je me mis debout pour le laisser passer, sans pouvoir réprimer une impulsion irrésistible de le suivre. Petersen était déjà sur la scène et je vis que Sacks, l'arme au poing, avait aussi sauté dans le kiosque. Le percussionniste était étendu sur le ventre, dans une position grotesque ; l'une de ses mains étreignait encore sa gorge, son visage était d'un bleu violacé, tel un animal marin agonisant. Le médecin retourna le corps, appuya deux doigts sur le cou pour vérifier le pouls, puis lui ferma les yeux. Petersen, qui s'était accroupi à côté de lui, lui montra sa carte et échangea quelques mots. Ensuite, se faufilant parmi les musiciens, il se dirigea vers l'estrade, chercha par terre, ramassa, après l'avoir enveloppé dans un mouchoir, le triangle qui était resté près d'une marche. Je regardai derrière moi ; Seldom était debout, au milieu d'une foule de gens. Je remarquai que Petersen lui faisait signe de le rejoindre en lui montrant les rangées où les sièges s'étaient vidés. Je revins près de lui, mais il ne parut pas s'en rendre compte au milieu de la foule. Il ne disait rien, son expression était impénétrable, et il chemina lentement vers nos places. Petersen, qui était descendu de la scène par un côté, s'approchait de lui depuis l'autre extrémité du rang. Soudain Seldom s'arrêta, comme si quelque chose, sur son fauteuil, l'avait paralysé. Quelqu'un avait découpé deux phrases du programme et les bouts de papier formaient sur le siège un petit message. Je me penchai pour le lire avant que l'inspecteur n'eût réussi à m'en écarter. Le premier disait *le troisième de la série* ; le second portait le mot *triangle.*

16.

Petersen fit un geste péremptoire à Sacks et le lieutenant, qui était resté debout auprès du corps, se dirigea vers nous à travers la foule en exhibant sa carte.

— Que personne ne s'en aille pour le moment, ordonna Petersen. Je veux le nom de tous ceux qui sont là. (Il tira un téléphone portable de sa poche et le tendit à Sacks avec un petit carnet d'adresses.) Appelez l'officier du parking et assurez-vous qu'aucune automobile ne sorte. Demandez une douzaine d'agents afin de prendre les dépositions, une voiture de patrouille pour contrôler le lac, et deux autres pour bloquer les sorties du parc qui donnent sur la route. Je veux qu'ils comptent toutes les personnes présentes et qu'ils comparent ce chiffre avec le nombre de billets d'entrée vendus et de sièges occupés. Interrogez les placeurs sur le nombre de chaises qu'ils ont rajoutées. Et il me faut une autre liste avec tout le personnel du château, les musiciens et les employés chargés du feu d'artifice. Encore un point, dit-il, alors que Sacks s'apprêtait à s'en aller : Quelle était votre mission, ce soir, lieutenant ?

Je vis Sacks pâlir sous le regard sévère de Petersen, tel un étudiant face à une question ardue.

— Surveiller les personnes susceptibles de s'approcher du professeur Seldom.

— Alors peut-être pourrez-vous nous indiquer qui a déposé ce message sur son siège ?

Sacks observa un instant les deux petits bouts de papier et son visage s'altéra. Il hocha la tête, accablé.

— Monsieur, j'ai vraiment cru qu'on était en train d'étrangler cet homme, c'était l'impression qu'on avait depuis ma place, comme si quelqu'un lui serrait le cou. J'ai vu que vous aviez dégainé votre arme et je me suis précipité sur la scène pour vous aider.

— Mais il n'est pas mort étranglé, n'est-ce pas ? demanda Seldom d'une voix suave.

Petersen parut avoir un doute avant de lui répondre.

— Apparemment, il a eu un arrêt respiratoire spontané. Le docteur Sanders, celui qui a grimpé sur la scène, l'avait opéré il y a quelques années d'un emphysème pulmonaire et il ne lui donnait guère plus de cinq à six mois de répit. Il a du mal à comprendre comment il pouvait encore tenir debout, sa capacité respiratoire était très réduite. A priori, il estime qu'il s'agit d'une mort naturelle.

— Oui, oui, murmura Seldom, une mort naturelle...

Il fait des progrès stupéfiants. Une mort naturelle, bien sûr, l'exemple le plus achevé d'un crime imperceptible.

Petersen avait sorti ses lunettes et il se pencha de nouveau sur les deux papiers.

— Vous aviez raison à propos du symbole, dit-il.

Il leva les yeux vers Seldom, comme s'il n'était pas encore très certain de devoir le tenir pour un allié ou pour une espèce d'adversaire énigmatique. J'eus l'impression de le comprendre : la façon de raisonner de Seldom comportait un élément inaccessible à l'inspecteur ; et ce dernier n'était sans doute pas habitué à se voir devancer par un autre lors de ses enquêtes.

— D'accord, mais vous voyez, le symbole ne nous a pas du tout aidés.

— En tout cas, on observe plusieurs changements curieux dans le message : l'heure ne figure pas, cette fois-ci, et les bords des deux morceaux sont déchiquetés, le papier semble avoir été coupé n'importe comment, à la hâte, on dirait qu'il a déchiré le programme avec les doigts…

— Ou bien, reprit Seldom, c'est peut-être précisément ce qu'il veut nous faire croire. Est-ce que toute la scène, avec le faisceau de lumière et ce point culminant de la musique, ne ressemble pas à un numéro parfaitement réussi de prestidigitation ? Au fond, la mort du percussionniste n'était pas le plus important, le véritable tour de passe-passe, c'était glisser sous notre nez ces deux petits bouts de papier.

— Mais l'homme là-haut, sur la scène, il est vraiment mort, sans trucage, rétorqua froidement Petersen.

— En effet, répondit Seldom, et c'est bien ça qui est extraordinaire : le renversement de la routine, l'effet majeur mis au service de l'effet mineur. Nous ne comprenons pas encore la figure. Nous pouvons la dessiner, à présent, mais nous ne la *voyons* pas, nous ne la voyons pas encore comme lui.

— Mais puisque votre hypothèse était exacte, il suffira peut-être de lui prouver que nous connaissons la suite de la série pour l'arrêter. En tout cas, je pense que ça vaudrait le coup d'essayer. De lui envoyer un message tout de suite.

— Mais si nous ne savons pas qui c'est, demanda Seldom, comment lui faire parvenir un message ?

— J'y ai réfléchi depuis que j'ai reçu votre billet avec l'explication. Je crois avoir une idée, j'espère pouvoir la soumettre ce soir même à la psychiatre et je vous appellerai après. Si nous voulons prendre les devants et éviter le prochain meurtre, nous n'avons plus de temps à perdre.

Nous entendîmes la sirène d'une ambulance. La camionnette de l'*Oxford Times* s'était également garée sur le parking. L'une des portières latérales s'ouvrit et apparurent d'abord un cameraman puis le journaliste efflanqué qui m'avait interviewé à Cunliffe Close. Petersen ramassa soigneusement les deux bandes de papier par une extrémité et les rangea dans l'une de ses poches.

— Pour le moment, il s'agit d'une mort naturelle, dit-il. Je ne veux pas que ce journaliste nous voie ensemble.

Il soupira et se retourna vers la foule qui entourait la scène.

— Eh bien, il va falloir compter tous ces gens.

— Vous estimez vraiment qu'il peut encore être ici ? demanda Seldom.

— Dans les deux cas, que le compte soit exact ou qu'il manque quelqu'un, nous en saurons un peu plus sur lui.

Petersen s'éloigna de quelques pas et s'arrêta pour bavarder avec la jeune femme blonde qui était assise à côté de lui. Nous vîmes que l'inspecteur nous désignait à elle et que la femme acquiesçait de la tête. Peu après elle s'approcha de nous d'un pas décidé, le visage barré d'un sourire cordial.

— Mon père me dit qu'on ne laissera partir ni taxis ni autos pendant un certain temps. Je rentre tout de suite à Oxford, je peux vous ramener où vous voudrez.

Nous la suivîmes jusqu'au parking et montâmes dans une automobile dont le pare-brise était orné d'un discret macaron de la police. En sortant de l'esplanade nous croisâmes les voitures de patrouille demandées par Petersen.

— C'était la première fois que je parvenais à traîner mon père dans un concert, dit la jeune femme en se tournant vers l'arrière. J'espérais le distraire de son travail. Enfin, je suppose qu'à présent il ne viendra pas dîner. Mon Dieu, ce pauvre homme qui se tenait la gorge... je n'y crois toujours pas. Mon père s'est imaginé qu'on était en train de l'étrangler, il a failli tirer sur la scène, mais le cercle de lumière qui lui éclairait le visage l'empêchait de distinguer derrière lui. Il m'a même demandé à *moi* s'il devait tirer.

— Et qu'est-ce qu'on apercevait, depuis votre place ? dis-je.

— Rien du tout ! Ç'a été tellement rapide... En plus j'étais distraite, je regardais en haut du château, je savais que les premiers feux d'artifice seraient tirés à la fin du mouvement. J'y faisais très attention : c'est toujours moi que l'on charge de l'organisation de cette partie du spectacle. Étant la fille d'un policier, je suis supposée m'y connaître en matière de poudre.

— Combien de gens y avait-il sur le toit ? intervint Seldom.

— Deux personnes, c'est suffisant. Peut-être tout au plus une autre, appartenant au service de garde du château.

— Si je ne me trompe, dit Seldom, le percussionniste occupait une position un peu différente de celle du reste de l'orchestre. C'était le dernier, il se tenait au fond du kiosque, sur une marche, un peu séparé des autres. C'était le seul qui pouvait être attaqué par-derrière, à l'insu des musiciens. N'importe qui, parmi le public ou les gens du château, aurait pu faire le tour de la scène après l'extinction des lumières.

— Mais mon père a affirmé que la mort a été causée par un arrêt respiratoire. Une intervention extérieure serait donc peut-être plausible ?

— Je ne sais pas, je ne sais pas, répondit Seldom, et il murmura : j'espère que oui.

Qu'avait voulu dire Seldom avec ce *j'espère que oui* ? Je faillis lui poser la question à ce moment-là, mais la fille de Petersen et lui-même s'étaient engagés dans une discussion sur les chevaux, qui dévia ensuite, définitivement et de façon quelque peu imprévue, sur la recherche d'ancêtres écossais communs. Je tournai et retournai durant un temps dans ma tête la petite phrase intrigante, me demandant si certaines nuances éventuelles de l'expression anglaise *I hope so* m'avaient échappé. Je me persuadai que ç'avait été tout simplement une façon d'affirmer que cette hypothèse, celle d'une attaque, était la seule concevable, et qu'il valait mieux, pour la bonne santé mentale de chacun, que les faits se fussent déroulés ainsi. Si la mort n'avait pas été provoquée d'une manière ou d'une autre, si elle avait été vraiment naturelle, on se devait alors de penser à l'impensable : à des hommes invisibles, à des archers zen, à des pouvoirs surnaturels. Les petits rafistolages, les sutures automatiques de la raison sont bizarres : je décidai que Seldom n'avait pas souhaité dire quelque chose d'autre et n'évoquai plus ce sujet avec lui, ni en descendant de voiture ni lors de nos conversations ultérieures, et pourtant, grâce à cette phrase murmurée tout bas, j'aurais pu, je m'en rends compte maintenant, pénétrer, comme à travers un raccourci, au plus profond de sa pensée. J'avouerai, pour ma défense, que j'étais sans doute concentré sur un autre problème : je ne voulais pas laisser s'échapper Seldom ce soir-là sans qu'il m'eût révélé la loi de formation de la série. À ma grande honte, je confesse que le symbole du triangle ne m'avait pas du tout éclairé et, tout en écoutant vaguement la conversation assis sur la banquette arrière, je m'efforçais en vain de donner un sens quelconque à la suite cercle, poisson, triangle, et d'imaginer, inutilement, la quatrième figure. J'étais résolu à arracher la solution à Seldom dès que nous serions descendus de voiture et je surveillais, un peu inquiet, les sourires de la fille de Petersen. Malgré mon ignorance de quelques-unes des expressions familières qu'ils employaient, j'observais que leur conversation avait pris un tour plus intime, et qu'à un certain moment elle avait répété, sur le ton charmeur d'une pauvre petite fille abandonnée, qu'elle serait obligée de souper seule ce soir. Nous étions entrés dans Oxford par Banbury Road et la fille de Petersen stoppa la voiture en face du virage de Cunliffe Close.

— C'est ici que je dois te déposer, n'est-ce pas ? me dit-elle avec un sourire ravissant quoique sans appel.

Je descendis de l'auto, mais avant qu'elle n'eût démarré, pris d'une impulsion subite, je frappai à la vitre du côté de Seldom.

— Vous êtes obligé de me le dire, insistai-je en espagnol, à voix basse mais sur un ton pressant, même si ce n'est qu'une piste, dites-m'en davantage sur la solution de la série.

Seldom me regarda, surpris ; ma supplique avait été néanmoins convaincante et il parut avoir pitié de moi.

— Que sommes-nous, vous et moi ? Que sont les mathématiciens ? (Il eut un sourire intérieur, empreint d'une mélancolie étrange, comme s'il retrouvait un souvenir qu'il croyait perdu.) Nous sommes, ainsi que l'a écrit un poète de votre pays, les exigeants élèves de Pythagore.

17.

Je restai debout au bord de l'avenue, regardant la voiture s'éloigner dans l'obscurité. J'avais dans ma poche, à côté de la clef de ma chambre, la clef de la porte latérale de l'Institut, de même que la carte magnétique permettant d'entrer en dehors des horaires d'ouverture dans la bibliothèque. Je décidai qu'il était trop tôt pour aller se coucher et je me dirigeai vers l'Institut sous les lumières jaunes des lampadaires. Les rues étaient désertes ; à hauteur d'Observatory Street je remarquai cependant un peu de mouvement derrière la baie vitrée d'un restaurant indien : deux employés retournaient les chaises sur les tables, et une femme enveloppée dans un sari tirait les rideaux avant de fermer. St. Giles Street était également vide, mais on apercevait certains bureaux de l'Institut éclairés et deux automobiles dans le parking. Je savais que quelques mathématiciens ne travaillaient que la nuit, et que d'autres étaient obligés de repasser de temps à autre pour surveiller le déroulement d'un programme très lent. Je montai à la bibliothèque ; les lumières étaient allumées et en entrant j'entendis les pas feutrés de quelqu'un qui parcourait silencieusement les allées. J'allai à la section histoire des mathématiques, suivis du doigt les titres sur le dos des ouvrages. L'un d'entre eux dépassait un peu, comme si on l'avait consulté récemment, et négligé de le ranger à sa place. Les livres étaient tellement serrés les uns contre les autres que je dus utiliser mes deux mains pour le sortir. L'illustration de la couverture représentait une pyramide formée de dix points enveloppée dans les flammes. Le titre, *La Confrérie des pythagoriciens*, échappait de justesse au feu. De près, les points étaient en fait de petites têtes tonsurées, comme des moines vus de dessus. Peut-être les flammes ne faisaient-elles donc pas allusion à un vague symbolisme au sujet des passions incandescentes que pouvait renfermer la géométrie, mais plus concrètement à l'effroyable incendie qui avait anéanti la secte.

J'allai à l'un des bureaux de la bibliothèque et je l'ouvris sous la lampe. Je ne dus tourner que deux ou trois pages. C'était là. Ç'avait été là durant tout ce temps, dans son accablante simplicité. Les notions les plus anciennes et les plus élémentaires des mathématiques, pas encore complètement débarrassées de leurs oripeaux mystiques. La représentation des nombres dans la doctrine pythagoricienne comme principes archétypaux des puissances divines. Le cercle était le Un, l'unité dans sa perfection, la monade, l'élément premier de tout, enfermé et complet en lui-même. Le Deux constituait le symbole de la multiplicité, de toutes les oppositions et les dualités, des engendrements. Il était formé grâce à l'intersection de deux cercles et la figure ovale, telle une amande, qui apparaissait au milieu, était appelée *Vesica piscis*, la vessie du poisson. Le Trois, la triade, était l'union entre deux extrêmes, la possibilité de procurer de l'ordre et de l'harmonie aux différences. C'était l'esprit qui unit le mortel et l'immortel en un tout. Mais le Un était aussi le point, le Deux, la droite entre deux points, et le Trois le triangle et en même temps le plan. Un, deux, trois, rien d'autre, la série se réduisait simplement à la suite des nombres naturels. Je tournai la page pour découvrir le symbole correspondant au Quatre. C'était la *tetraktys*, la pyramide à dix points que j'avais vue sur la couverture, l'emblème et la figure sacrée de la secte. Les dix points étaient la somme de un, plus deux, plus trois, plus quatre. Ils représentaient la matière et les quatre éléments. Les pythagoriciens croyaient que toutes les mathématiques étaient contenues dans ce symbole, qui était à la fois l'espace tridimensionnel et la musique des sphères célestes, qui portait en germe les paramètres combinatoires du hasard et les nombres de la multiplication de la vie, et que Fibonacci allait redecouvrir des siècles plus tard. J'entendis de nouveau les pas, beaucoup plus proches. Je levai les yeux ; je fus un peu surpris de voir apparaître Podorov, mon collègue de bureau russe. Il avait fait le tour du dernier rayon et, en m'apercevant assis à mon bureau, il s'approcha avec un sourire intrigué. C'était curieux à quel point il paraissait différent ici, il avait l'air dans son élément, et je songeai qu'il avait peut-être l'impression que la bibliothèque lui appartenait la nuit. Quand il arriva près de moi, j'observai qu'il tenait une cigarette à la main, qu'il tapota doucement contre la vitre avant de l'allumer.

— Oui, dit-il, je viens à cette heure pour pouvoir fumer en paix.

Il me regarda ; son sourire était tout à la fois chaleureux et un brin ironique tandis qu'il tournait la couverture de mon livre pour en lire le titre. Sa barbe avait poussé, ses yeux étaient durs et brillants.

— Ah, *La Confrérie des pythagoriciens*… C'est sans doute en rapport avec les symboles que vous dessiniez sur le tableau du bureau ? Le cercle, le poisson… si je me rappelle bien, ce sont les premiers nombres symboliques de la secte, n'est-ce pas ? (Il sembla se livrer à un petit effort mental puis récita fièrement, comme s'il mettait sa mémoire à l'épreuve :) Le troisième est le triangle, le quatrième la *tetraktys*.

Je n'en croyais pas mes oreilles. Je me rendais soudain compte que cet homme, qui m'avait vu étudier sur le tableau ces deux symboles, n'avait à aucun moment imaginé qu'il pût s'agir de quelque chose d'autre que d'un problème particulier de mathématiques. Cet homme, donc, qui à l'évidence ignorait tout des crimes, aurait sans doute été capable, rien qu'en se levant de sa chaise, de dessiner pour moi la suite de la série.

— C'est un problème qui vous a été posé par Arthur Seldom ? me demanda-t-il. C'est lui le premier que j'ai entendu parler de ces symboles, à l'occasion d'une conférence sur le dernier théorème de Fermat. Vous savez, bien sûr, que le théorème de Fermat n'est qu'une simple généralisation du problème des tierces pythagoriciennes, le secret le mieux gardé de la secte.

— Quand cela a-t-il eu lieu ? Pas maintenant, je suppose.

— Non, non, il y a très longtemps. Si longtemps que Seldom ne se souvient plus de moi, d'après ce que j'ai pu constater. Bien entendu, c'était déjà le grand Seldom, et moi un obscur étudiant de doctorat de la petite ville russe où le congrès avait été organisé. Je lui avais apporté mes travaux sur le théorème de Fermat, le sujet qui m'obnubilait à cette époque, et je l'avais prié de me mettre en contact avec le groupe de la théorie des nombres de Cambridge, mais apparemment ils étaient tous trop occupés pour s'intéresser à moi. Pas tous, en réalité : un élève de Seldom lut mes travaux, corrigea mon anglais défectueux et les publıa sous son nom. Il reçut la médaille Fields pour la contribution la plus importante de la décennie à la résolution du problème. À présent Wiles est sur le point d'effectuer le dernier pas grâce à ces résultats. Lorsque j'avais écrit à Seldom, il s'était contenté de me répondre que j'avais commis une erreur et que l'un de ses élèves l'avait rectifiée. (Il eut un rire sarcastique et expulsa vers le haut avec force une bouffée de fumée.) Ma seule erreur, c'était de ne pas être anglais.

J'aurais aimé avoir à ce moment-là le pouvoir de clouer le bec à cet homme. Comme la fois où je m'étais promené à travers le parc universitaire, j'avais la sensation d'être sur le point de *voir* et que si je parvenais peut-être à m'isoler cette pièce insaisissable, qui m'avait échappé une fois, reviendrait prendre sa place. Je murmurai une vague excuse et me levai, tandis que je remplissais vite une fiche pour emporter le livre. Je voulais déguerpir au loin dans la nuit, à l'écart de tout. Je descendis l'escalier quatre à quatre et, alors que j'allais atteindre la rue, je me heurtai à une silhouette noire en provenance du parking. C'était Seldom, qui avait revêtu un imperméable sur son smoking. Ce fut seulement alors que je me rendis compte qu'il pleuvait.

— Si vous sortez maintenant votre bouquin va se mouiller, dit-il, et il tendit la main pour regarder la couverture. Ainsi vous l'avez trouvé. Et à votre visage je devine que vous avez découvert quelque chose d'autre, n'est-ce pas ? C'est pour cela que je ne voulais pas vous aider.

— J'ai croisé mon collègue de bureau, Podorov ; il m'a dit qu'il vous connaissait depuis longtemps.

— Victor Podorov, en effet… Je me demande ce qu'il a bien pu vous raconter. Je l'avais complètement chassé de ma mémoire jusqu'à ce que l'inspecteur me fournisse la liste des mathématiciens qui sont à l'Institut. De toute façon, je ne l'aurais pas reconnu : je me souvenais d'un petit jeune avec une barbe pointue, un peu cinglé, qui croyait avoir une preuve du théorème de Fermat. Longtemps après, je me suis rappelé avoir évoqué, au cours de ce congrès, les nombres pythagoriciens. Je n'ai pas souhaité en parler à l'inspecteur Petersen, je me suis toujours senti un peu coupable vis-à-vis de ce garçon, j'ai appris qu'il avait tenté de se suicider quand un de mes élèves avait reçu la médaille Fields.

— En tout cas, ce n'aurait pas pu être lui, hein ? Ce soir il était ici, à la bibliothèque.

— Non, je n'ai jamais vraiment pensé à lui, mais je savais qu'il était peut-être le seul à même d'identifier la suite de la série.

— Oui, répondis-je, il n'a rien oublié de votre conférence.

Nous étions debout, sous l'auvent semi-circulaire

de l'entrée, et la pluie, chassée par les rafales de vent, commençait à nous éclabousser.

— Nous n'avons qu'à marcher jusqu'au pub qui se trouve sous cette arcade, suggéra Seldom.

Je le suivis en protégeant le livre contre la pluie. Cela devait être le seul endroit ouvert dans tout Oxford. Une foule de gens se bousculait au comptoir, échangeant des propos entrecoupés de rires de stentor, avec cette gaieté exaltée et un peu artificielle que les Anglais ne semblaient pouvoir atteindre qu'après avoir ingurgité force bières. Nous nous assîmes à une petite table qui portait encore la trace humide des verres.

— Je regrette, s'exclama la serveuse de loin, comme si elle ne pouvait plus rien faire pour nous, vous avez loupé la dernière commande.

— Je ne crois pas que nous puissions rester non plus très longtemps ici, dit Seldom, mais je voulais avoir votre avis à présent que vous êtes au courant de la série.

— Elle est beaucoup plus simple que ne l'aurait imaginé n'importe quel mathématicien, non ? Peut-être que c'est précisément le trait de génie, et pourtant, c'est un peu décevant. En fin de compte, ça se réduit à un, deux, trois, quatre, comme la série de symétries que vous m'aviez montrée le premier jour. Nous avions imaginé une espèce de devinette, au début, et c'est simplement une façon de compter les morts : le premier, le deuxième, le troisième.

— Oui, répondit Seldom, ce serait le pire des cas, parce que l'assassin pourrait continuer à tuer indéfiniment. Mais j'ai encore bon espoir que c'est dans les symboles que réside le défi, et qu'il s'arrêtera si nous lui démontrons que nous savons. Je viens de recevoir un appel de Petersen depuis son bureau. Il a une idée qui vaut sans doute la peine qu'on s'y intéresse, une idée que la psychiatre approuve elle aussi, semble-t-il. Il va opérer un changement radical de stratégie par rapport aux journaux : demain, la nouvelle de la troisième mort sera publiée en première page de l'*Oxford Times*, avec le dessin du triangle et une interview où seront également révélés les deux premiers symboles. Les questions seront soigneusement préparées, de sorte que la police paraisse totalement décontenancée par l'énigme et dépassée par l'intelligence du criminel. Selon la psychiatre, cela procurera à notre homme la sensation de triomphe dont il a besoin. Cette petite note au sujet de la *tetraktys* que j'ai rédigée à l'intention de Petersen, avec ma signature en dessous, apparaîtra dans l'édition du jeudi, dans la même rubrique où figurait le chapitre de mon ouvrage sur les crimes en série. Cela devrait suffire à le convaincre que moi, au moins, *je sais*, et que je suis capable de prévoir le symbole de la prochaine mort. Ainsi, tout resterait sur le plan de ce duel presque personnel qu'il avait choisi au début.

— Mais en supposant que ça marche, répliquai-je un peu surpris, en supposant, avec déjà un peu de chance, qu'il lise votre note dans le supplément du jeudi et que, avec infiniment plus de chance, cela parvienne à l'interpeller, comment ferait Petersen pour l'attraper finalement ?

— Petersen est certain que ce n'est qu'une question de temps. Il espère sans doute qu'un nom sortira de la liste du concert. En tout cas, il a l'air décidé à essayer n'importe quoi pourvu qu'on empêche une quatrième mort.

— Ce qui est intéressant, c'est que maintenant nous avons en quelque sorte tout ce qu'il faut pour imaginer la prochaine étape. Je veux dire que nous possédons les trois symboles, comme dans les séries de Frank ; nous devrions être à même d'en déduire quelque chose au sujet de ce quatrième décès. Relier la *tetraktys*… à quoi ? Nous n'en savons encore rien, ni quel est le lien entre les morts et les symboles. Mais j'ai réfléchi aux propos de ce médecin, Sanders, et je crois que nous avons enfin un élément récurrent : dans les trois cas, les victimes étaient plus ou moins en sursis, leur vie s'étant prolongée au-delà de toute attente.

— Oui, c'est exact, acquiesça Seldom, je n'y avais pas fait attention… (Son regard parut se perdre un instant dans le vague, comme s'il était subitement fatigué ou que les continuelles ramifications de l'affaire l'eussent soudain accablé.) Excusez-moi, ajouta-t-il, comme il revenait à lui-même, j'ai un mauvais pressentiment. J'avais pensé que c'était une bonne idée de publier la série. Mais peut-être est-il imprudent d'attendre jusqu'à jeudi.

18.

J'ai conservé un exemplaire de l'*Oxford Times* de ce lundi-là, avec la soigneuse mise en scène destinée à un unique lecteur fantomatique. En regardant la photo désormais un peu jaunie, en parcourant les questions préparées par Petersen, je peux sentir à nouveau, comme frôlé à distance par des doigts glacés, le frémissement que j'avais perçu dans la voix de Seldom, quand ce dernier avait murmuré, au pub, qu'il s'écoulerait peut-être trop de temps jusqu'au jeudi. Je peux surtout comprendre, en relisant l'article, pourquoi la vie imprévisible que mènent les conjectures dans le monde réel lui faisait horreur. En tout cas, je n'avais aucun pressentiment quand débuta cette matinée resplendissante et je lisais, avec un enthousiasme mêlé d'un peu de fierté, et probablement aussi de quelque stupide vanité, cette histoire dont je connaissais presque tout par avance.

Lorna, au comble de la surexcitation, m'avait appelé

très tôt. Elle venait de voir, elle aussi, la note publiée dans le journal et elle voulait *absolument* déjeuner avec moi, pour que je lui raconte tout. Elle s'en voulait – ainsi qu'à moi – d'être restée chez elle hier soir, alors que j'étais *là-bas*, au concert. Elle m'en voulait à mort mais elle s'échapperait à midi de l'hôpital pour me retrouver au café français de Little Clarendon Street. Nous nous retrouvâmes donc au *Café de Paris* ; nous rîmes, nous bavardâmes au sujet des meurtres, nous mangeâmes des crêpes au jambon avec cette gaieté un peu irresponsable, que rien ne peut entamer, des amoureux. Je racontai à Lorna ce que nous avait confié Petersen : le percussionniste avait subi une très grave opération du poumon et son médecin était surpris qu'il eût survécu si longtemps.

— Comme dans le cas de Clark et de Mrs. Eagleton, dis-je, et j'attendis sa réaction face à ma petite théorie.

Lorna resta un moment pensive.

— Pour Mrs. Eagleton, c'était un peu différent. Je l'avais rencontrée à l'hôpital deux ou trois jours avant sa mort et elle était radieuse ; en effet, les analyses avaient révélé une rémission partielle de son cancer. Le médecin venait justement de lui annoncer qu'elle pourrait encore vivre de nombreuses années.

— D'accord, répondis-je, comme si cela représentait un obstacle mineur, mais ç'avait été sans doute une conversation privée entre elle et son docteur, le meurtrier n'avait aucune possibilité de le savoir.

— Il choisit des personnes plus ou moins en sursis ? C'est ce que tu essaies de me dire ?

Son visage s'assombrit un instant, puis elle me montra l'écran du téléviseur placé au-dessus du comptoir, auquel elle faisait presque face. Je me retournai sur ma chaise, j'aperçus le visage souriant de la petite fille avec ses anglaises, et dessous un numéro de téléphone et un message suppliant toute l'Angleterre d'appeler.

— C'est la gamine que j'ai vue à l'hôpital ? demandai-je.

Elle acquiesça d'un hochement de tête.

— C'est à présent la première sur la liste nationale des transplantations, il lui reste tout au plus quarante-huit heures.

— Comment va son père ?

Je me rappelais encore ses yeux fous, comme s'il était devant moi.

— Je ne l'ai pas vu ces derniers jours, je crois qu'il a été obligé de reprendre son travail.

Elle tendit l'une de ses mains par-dessus la table, puis saisit la mienne, pour vite dissiper ce nuage soudain, puis elle appela d'un geste la serveuse pour lui commander un autre café. Je lui expliquai, à l'aide d'un croquis, la position dans laquelle se trouvait le percussionniste dans le kiosque ; avait-elle une idée sur la façon dont on pourrait provoquer un arrêt respiratoire ?

Lorna y réfléchit un moment, tandis qu'elle tournait son café.

— D'après moi, il n'y a qu'une façon de ne pas laisser de traces : quelqu'un doué d'assez de force, qui grimperait par-derrière et presserait en même temps, avec les mains, le nez et la bouche. On appelle ça la mort de Burke, à cause de William Burke ; tu as sans doute aperçu sa statue au musée de figures de cire Madame Tussaud's. C'était un Écossais propriétaire d'une auberge qui a tué ainsi seize voyageurs ; il revendait les cadavres aux disséqueurs de son époque. Chez une personne ayant une capacité pulmonaire très réduite, quelques secondes suffiraient pour l'étouffer. Je dirais que l'assassin était en train de l'asphyxier de cette manière, sans savoir que le faisceau de lumière allait revenir sur lui. Lorsque le projecteur a éclairé le percussionniste, il l'a lâché aussitôt, mais l'arrêt respiratoire, et cardiaque probablement aussi, s'était déclenché. Ce que vous avez vu ensuite, les mains sur la gorge, comme si un fantôme était en train de l'étrangler, ce n'est rien d'autre que le réflexe typique de quiconque ne parvient plus à respirer.

— Encore un point. Tu as de nouveau discuté, avec ton ami médecin légiste, de l'autopsie de Clark ? L'inspecteur Petersen pense avoir une explication différente.

— Non, mais il m'a invitée plusieurs fois à dîner. Tu crois que je devrais accepter pour essayer d'en savoir plus ?

J'éclatai de rire.

— Non, non : je peux assumer ce mystère.

Lorna regarda sa montre, soucieuse.

— Il faut que je retourne à l'hôpital, mais tu ne m'as pas encore parlé de la série. J'espère que ça n'est pas trop compliqué : j'ai tout oublié des mathématiques.

— Non, ce qu'il y a de surprenant, c'est justement la simplicité de la solution. La série n'est rien d'autre que un, deux, trois, quatre… dans la représentation symbolique qui était utilisée par les pythagoriciens.

— La confrérie des pythagoriciens ? demanda Lorna, à qui cela semblait rappeler un vague souvenir.

J'acquiesçai.

— Elle était au programme de l'une des matières du cursus : histoire de la médecine. Ils croyaient à la transmigration des âmes, n'est-ce pas ? Pour autant que je m'en souvienne, ils avaient une théorie très cruelle au sujet des handicapés mentaux, qui ensuite a été mise en œuvre par les Spartiates et les médecins de Crotone… L'intelligence étant la valeur suprême, ils imaginaient que les attardés étaient la réincarnation d'individus qui avaient commis, au cours de leur vie antérieure, les fautes les plus graves. Ils attendaient donc qu'ils aient atteint quatorze ans, l'âge critique de la mortalité dans le syndrome de Down, et les survivants servaient de cobayes pour leurs expériences médicales. Ils furent les premiers à tenter des greffes d'organes… Pythagore lui-même avait une cuisse en or. Ce furent également les premiers végétariens, mais il leur était interdit de manger des fèves, dit-elle avec un sourire. Et maintenant je dois vraiment m'en aller.

Nous nous séparâmes à la porte du café ; j'étais obligé de retourner à l'Institut afin de rédiger le premier rapport de ma bourse ; je passai donc les deux heures suivantes à relire des articles et à recopier des références. À quatre heures moins le quart je descendis à la cafétéria, où se réunissaient chaque après-midi les mathématiciens. La salle était plus remplie que d'habitude, ils semblaient tous avoir quitté leur bureau ce jour-là, et je perçus aussitôt les murmures d'excitation. À les voir ainsi ensemble, timides, mal fagotés, courtois, je me rappelai la phrase de Seldom. Oui, on retrouvait ici, deux mille cinq cents ans après, des pièces de monnaie dans une main, attendant en bon ordre leur tasse, les studieux élèves de Pythagore. Un journal était ouvert sur l'une des petites tables et je songeai qu'ils devaient tous en discuter ou s'interroger sur la série de symboles. Mais je me trompais. Emily se joignit à moi dans la queue et m'annonça, les yeux brillants, comme si elle me révélait un secret connu d'elle seule :

— On dirait qu'il y est arrivé (elle donnait l'impression d'avoir elle-même du mal à y croire ; en voyant mon visage déconcerté, elle ajouta :) Andrew Wiles ! Il a demandé à disposer de deux heures de plus, demain, à la conférence sur la théorie des nombres à Cambridge. Il est en train de démontrer la conjecture de Shimura-Taniyama… S'il parvient jusqu'au bout, il aura prouvé le dernier théorème de Fermat. Il y a tout un groupe de mathématiciens qui veulent faire le voyage de Cambridge pour être sur place. Ce sera peut-être le jour le plus important de l'histoire des mathématiques.

J'aperçus Podorov ; il était entré avec son air renfrogné habituel et, en voyant la queue, il avait décidé de s'asseoir dans un fauteuil pour y lire son journal. Je m'approchai de lui, tenant en équilibre ma tasse trop pleine et mon *muffin*. Podorov leva les yeux de son journal, promena son regard tout autour de lui avec une grimace de mépris.

— Alors ? Vous êtes inscrit pour l'excursion de demain ? Je peux vous prêter mon appareil photo. Tout le monde veut avoir la petite photo de la dernière démonstration au tableau noir de Wiles, avec la mention q.e.d.[1]

— Je ne suis pas encore certain d'y aller.

— Pourquoi pas ? Il y a un bus gratuit et Cam-

1. Sigle employé en mathématiques pour conclure une démonstration (*quod erat demonstrandum*, ce qui était à démontrer). *(N.d.T.)*

bridge est aussi très belle, dans le style britannique. Vous connaissez ?

Il tourna distraitement la page de son journal et ses yeux tombèrent sur l'article relatif aux crimes et à la série de symboles. Il lut les deux ou trois premières lignes, puis me regarda de nouveau. Sa mimique exprimait un peu de méfiance et d'inquiétude.

— Vous étiez déjà au courant hier, n'est-ce pas ? Depuis quand ces morts se produisent-elles ?

Je lui répondis que la première remontait à près d'un mois, mais que la police venait juste de prendre la décision de révéler les symboles.

— Et quel est le rôle de Seldom dans tout ça ?

— C'est lui qui reçoit les messages après chaque meurtre. Le deuxième, avec le poisson, est apparu ici même, collé sur la porte pivotante de l'entrée.

— Ah, oui ! je m'en souviens, à présent ; il y avait un peu d'agitation ce matin-là. J'ai remarqué la police, mais j'ai cru que quelqu'un avait cassé une vitre.

Il se replongea dans son journal et finit rapidement de lire l'encadré.

— Mais le nom de Seldom n'est jamais mentionné.

— La police s'est refusée à divulguer cette information ; néanmoins, les trois messages lui étaient destinés.

Il me fixa encore et son expression avait changé ; on y lisait maintenant une espèce de secret amusement.

— Donc quelqu'un est en train de jouer au chat et

à la souris avec le grand Seldom. Après tout, il existe peut-être une justice divine. Un dieu mathématique, bien entendu. (Son ton devenait énigmatique.) Comment imaginez-vous la quatrième mort ? Une mort qui convienne à l'antique solennité de la *tetraktys*… (Il regarda autour de lui, comme en quête d'inspiration.) Je crois me rappeler que Seldom aimait le bowling, au moins à une certaine époque ; un jeu peu connu en Russie. Lors de sa causerie, il me semble qu'il avait comparé les points de la *tetraktys* avec la disposition des quilles au début de la partie. Et il y a un coup où l'on renverse toutes les quilles à la fois.

— Strike, dis-je.

— Oui, exactement. Vous ne trouvez pas ce mot magnifique ? et il répéta, avec son fort accent russe et un sourire étrange, comme s'il pouvait imaginer une boule implacable et des têtes qui roulaient : *Strike !*

19.

À cinq heures j'avais réussi à finir un premier jet de mon rapport et, avant de quitter l'Institut, je passai par la salle informatique pour consulter mes e-mails. J'avais un bref message de Seldom où il me demandait de le retrouver à la sortie de son séminaire à Merton College, si j'étais libre à cette heure-là. Je me dépêchai pour arriver à temps ; en montant le petit escalier qui menait aux salles de cours, je pus observer, à travers la porte vitrée, qu'il s'était attardé quelques minutes et qu'il examinait, avec deux de ses élèves, un problème au tableau noir.

Quand les étudiants furent sortis, il me fit signe d'entrer ; tandis qu'il rangeait ses notes dans une chemise, il me signala la figure d'un cercle qui était restée dessinée sur le tableau.

— Nous étions en train de rappeler la métaphore géométrique de Nicolas de Cuse : la vérité, représentée par une circonférence, et les tentatives humaines pour l'atteindre par une succession de polygones inscrits, avec de plus en plus de côtés chaque fois, se rapprochant à la limite de la forme circulaire. C'est une métaphore toujours optimiste, car les approches successives permettent de déduire la figure finale. Il existe néanmoins une autre possibilité, que mes élèves ne connaissent pas, beaucoup plus décourageante. (Il dessina rapidement, à côté du cercle, une figure irrégulière, avec une multitude de pics et de crevasses.) Supposez un moment que la vérité ait la forme, disons, d'une île telle que la Grande-Bretagne, avec une côte très escarpée, avec une infinité de protubérances et de cavités. Quand vous essayez, dans ce cas, de répéter l'exercice qui consiste à faire se rapprocher la figure et les polygones, vous vous heurtez au paradoxe de Mandelbrot : le bord est toujours fuyant, il se fragmente, à chaque tentative, en de nouveaux creux et aspérités, et la série de polygones ne converge à aucun moment. La vérité pourrait elle aussi être irréductible à tous les efforts d'approximation humaine. Ça vous rappelle quoi, tout ça ?

— Le théorème de Gödel ? Les polygones seraient des systèmes comportant de plus en plus d'axiomes, mais une part de vérité reste toujours hors de portée.

— Oui, peut-être en un certain sens, mais aussi, dans notre cas, la conclusion de Wittgenstein et de Frankie : les termes connus d'une série, n'importe quelle quantité de termes, pourraient se révéler toujours insuffisants. (Il montra de nouveau le tableau.) Comment déterminer, a priori, laquelle des deux figures nous avons en face de nous ? Mon père, me dit-il soudain, mon père possédait une grande bibliothèque, avec une partie, au milieu, où il rangeait des livres que je n'avais pas le droit de regarder, une partie qui fermait à clef. Chaque fois qu'il ouvrait cette porte, je ne parvenais à distinguer qu'une gravure qu'il avait collée à l'intérieur : la silhouette d'un homme dont une main touchait le sol et l'autre était tendue en l'air. En bas de la gravure, on lisait une légende écrite dans une langue inconnue, dont j'appris avec le temps que c'était de l'allemand. Je découvris, également avec le temps, un ouvrage qui me parut miraculeux : un dictionnaire bilingue qu'il utilisait pour donner ses cours. Je déchiffrai les mots un par un. La phrase était simple et mystérieuse : *L'homme n'est rien d'autre que la série de ses actes*. Moi, j'avais une foi enfantine, absolue, dans les mots, et je commençai à voir les personnes sous la forme de figures provisoires, incomplètes ; des figures au brouillon, toujours insaisissables. Si l'homme n'est rien d'autre que la série de ses actes, me disais-je, il ne serait jamais défini avant sa mort : un seul acte, le dernier, pouvait anéantir toute son existence antérieure, contredire totalement sa vie. Et en même temps, surtout, c'était justement la série de mes actes que je redoutais davantage. L'homme n'était rien d'autre que ce qui me faisait le plus peur.

Il me montra ses mains maculées de craie. Il avait aussi une drôle de rayure blanche sur le front, comme s'il s'était sali en se touchant par inadvertance.

— Je vais me laver les mains et je vous rejoins dans une minute. En descendant par ici vous trouverez la cafétéria. Vous pourriez me commander un café double ? Sans sucre, s'il vous plaît.

Je commandai les deux cafés au comptoir ; Seldom réapparut à temps pour emporter sa tasse jusqu'à une table un peu à l'écart et qui donnait sur l'un des jardins. À travers la porte ouverte de la cafétéria, le flux ininterrompu des touristes traversant le couloir d'entrée s'écoulait en direction des galeries intérieures du *college*.

— J'ai discuté avec l'inspecteur Petersen ce matin, dit Seldom, et il m'a raconté qu'il s'était trouvé devant un petit dilemme à cause des chiffres hier soir. D'un côté, ils avaient le nombre exact de personnes qui étaient entrées dans les jardins de Blenheim Palace, grâce aux talons des billets, et, de l'autre, ils savaient combien de chaises avaient été occupées. L'employé chargé des sièges est particulièrement méticuleux, et il assure n'avoir ajouté que le nombre strictement nécessaire. Eh bien, c'est là que se pose un curieux problème : après vérification, il y avait plus de spectateurs que de chaises. Apparemment, trois d'entre eux sont restés debout.

Seldom me regarda, comme s'il attendait de ma part une explication immédiate. Je réfléchis un instant, un peu mal à l'aise.

— Et comme on suppose qu'en Angleterre les gens ne resquillent pas dans les concerts…, répondis-je finalement.

Seldom rit franchement.

— Non, non, au moins dans les concerts de bienfaisance… Oh, n'y pensez plus, c'est vraiment tout bête, Petersen voulait seulement plaisanter avec moi, aujourd'hui, c'était la première fois qu'il était de bonne humeur. Les trois individus en trop étaient des handicapés, dans des fauteuils roulants. Petersen était très fier de ses comptes. La liste dressée par ses assistants était parfaite : personne en plus, personne en moins. Il croit enfin avoir circonscrit le problème : au lieu des cinq cent mille habitants du comté d'Oxford, il ne doit plus s'occuper que des huit cents qui se sont rendus au concert. Et il est certain de pouvoir bientôt réduire ce chiffre.

— Les trois dans des fauteuils roulants, dis-je.

Seldom approuva ma suggestion d'un sourire.

— Oui, en principe les trois dans des fauteuils roulants plus un groupe d'enfants affectés du syndrome de Down et élèves dans une école spécialisée, et plusieurs femmes très âgées qui avaient plutôt vocation à être des victimes potentielles.

— Vous croyez que le choix dépend avant tout de l'âge ?

— C'est vrai que vous avez une autre idée… des personnes qui vivent une espèce de survie, au-delà de ce qu'elles espéraient. Oui, dans ce cas, l'âge ne serait pas un critère exclusif.

— Petersen vous a révélé autre chose quant à la mort d'hier soir ? Il avait les résultats de l'autopsie ?

— Oui. Il voulait écarter une possibilité : que le musicien eût ingurgité un produit quelconque avant le concert, qui aurait pu provoquer l'arrêt respiratoire. Et en effet, on n'a rien trouvé en ce sens. Il n'y avait non plus aucun signe de violence ni aucune marque sur le cou. Petersen a tendance à penser qu'il a été attaqué par quelqu'un qui connaissait bien le répertoire : il a choisi le fragment le plus long sans intervention du percussionniste. Cela lui assurait également que le musicien resterait en dehors du faisceau de lumière. Il exclut aussi la culpabilité éventuelle d'un autre membre de l'orchestre. Vu la place qu'il occupait, au fond du kiosque, et l'absence de traces sur le cou, la seule possibilité est que le meurtrier ait escaladé la scène par-derrière…

— … et lui ait bouché en même temps le nez et la bouche.

Seldom me jeta un regard un peu ébahi.

— C'est ce que m'a dit Lorna.

Il acquiesça d'un hochement de tête.

— Bien sûr, j'aurais dû m'en douter. Lorna sait tout en matière de crimes, n'est-ce pas ? Le médecin légiste prétend que le choc provoqué par la surprise est capable d'avoir entraîné un arrêt respiratoire instantané, avant même que le vieux ait tenté de résister. Quelqu'un qui grimpe par-derrière et l'attaque dans l'obscurité… Cela paraît l'unique possibilité raisonnable. Mais ce n'est pas ce que nous avons vu.

— Vous pencheriez plutôt pour l'hypothèse du fantôme ?

À ma grande stupéfaction, Seldom sembla considérer sérieusement ma question, puis il affirma d'une voix très lente, avec un léger tremblement du menton.

— Oui, entre les deux, je préfère pour le moment l'hypothèse du fantôme.

Il avala une gorgée de café et me fixa de nouveau au bout d'un instant.

— La volonté de toujours chercher des explications… vous ne devriez pas la laisser interférer avec vos souvenirs. Je vous avais justement demandé de venir pour que vous jetiez un coup d'œil là-dessus.

Il ouvrit la chemise qu'il utilisait pour ses cours et en sortit une enveloppe en papier kraft.

— Petersen m'a montré ces photos aujourd'hui, dans son bureau ; il me les prête jusqu'à demain pour que je puisse les étudier plus attentivement. Mais il voulait surtout que vous les voyiez : ce sont les photos du meurtre de Mrs. Eagleton, la première victime, le commencement de tout. Finalement, l'inspecteur en est revenu à la question qu'il posait à l'origine : comment relier Mrs. Eagleton au cercle du premier message ? Vous savez bien, je crois que vous avez vu un détail, là-bas, un détail qui sur le coup ne vous avait pas semblé important, mais que vous avez conservé dans un repli de votre mémoire. Peut-être que les photos vous aideront à vous en souvenir. Tout est là, dit-il, et il me tendit l'enveloppe, le salon, la pendule à coucou, la chaise longue, le plateau de Scrabble. Ça devrait nous en révéler davantage…

Son regard parut un peu absent. Ses yeux se promenèrent de table en table puis à l'extérieur, dans le couloir. Soudain son expression se durcit, comme s'il avait aperçu quelque chose d'alarmant.

— On vient de déposer un objet dans mon casier ; c'est bizarre, le facteur est déjà passé ce matin. J'espère que le lieutenant Sacks traîne encore dans le coin. Attendez-moi, je vais en avoir le cœur net.

Je me retournai et observai qu'en effet, de l'endroit où était assis Seldom, on pouvait voir la dernière rangée de casiers en bois sombre encastrés dans le mur. C'était donc là qu'il avait reçu le premier message. À ma grande surprise, tout le courrier du *college* était exposé au vu et au su de tous dans ce couloir, mais, somme toute, les casiers n'étaient pas non plus surveillés à l'Institut de mathématiques. Quand Seldom revint, il examinait un livre, dans une enveloppe, et un large sourire barrait son visage, comme s'il avait eu un bonheur inespéré.

— Vous vous rappelez le magicien dont je vous ai parlé, René Lavant ? Il sera aujourd'hui et demain à Oxford. J'ai des billets pour n'importe lequel de ces deux jours. Ce sera donc pour ce soir, car demain j'irai à Cambridge. Vous pensez vous joindre à l'excursion des mathématiciens ?

— Non, répondis-je, je ne crois pas ; demain c'est la journée libre de Lorna.

Seldom haussa légèrement les sourcils.

— La solution du problème le plus important de l'histoire des mathématiques contre une belle fille… C'est encore la belle fille qui l'emporte, me semble-t-il.

— En revanche, j'aimerais bien assister ce soir au spectacle du magicien.

— Bien sûr, bien sûr, acquiesça Seldom, avec une étrange véhémence, il faut absolument que vous soyez là. La séance est à neuf heures. Et à présent, conclut-il, comme s'il me donnait un devoir à faire à la maison, rentrez chez vous jusqu'à cette heure-là et essayez de vous concentrer sur les photos.

20.

Lorsque j'arrivai dans ma chambre, je préparai un pot de café, je refis mon lit et, sur le couvre-lit bien tiré, je plaçai une à une les photos qui se trouvaient dans l'enveloppe. Je me rappelai, en les regardant, ce que j'avais entendu dire à un peintre figuratif, pour qui ça ne faisait pas l'ombre d'un doute : il y a toujours moins de réalité dans une photo que n'en peut capturer une peinture. Quelque chose, en tout cas, paraissait s'être évanoui définitivement dans cet ensemble disloqué d'images limpides et indiscutables que j'avais formé sur le lit. J'essayai de leur donner un ordre différent, de les changer de place. *Un détail que j'avais vu.* Je fis une nouvelle tentative, en disposant les photographies d'après mon souvenir des lieux quand nous étions entrés dans le salon. Un détail que moi j'avais vu, mais Seldom non. Pourquoi rien que moi ? Pourquoi n'aurait-il pas pu le voir, lui aussi ? *Parce que vous étiez le seul à être pris au dépourvu*, m'avait dit Seldom. En effet, un peu comme ces images tridimensionnelles générées par ordinateur, qui étaient devenues à la mode à certains endroits de Londres : totalement invisibles pour un œil attentif, mais apparaissant soudain fugacement, dès lors qu'on cessait de leur prêter attention. J'avais d'abord aperçu Seldom, marchant rapidement vers moi le long du sentier gravillonné. Il n'y avait aucune image de Seldom à cet endroit, mais je conservais le souvenir précis de notre conversation à côté de la porte, et de l'instant où il m'avait demandé des nouvelles de Mrs. Eagleton. Je lui avais signalé le fauteuil à moteur dans la galerie. Lui aussi l'avait vu. Nous étions entrés ensemble dans le salon ; je me rappelais sa main sur le loquet puis l'ouverture silencieuse de la porte. Ensuite… tout était plus confus. Je me remémorai le tic-tac de la pendule, mais je n'étais pas sûr de l'avoir regardée. En tout cas, ce devrait être la première photo de la séquence : celle qui montrait, de l'intérieur, la porte, le portemanteau de l'entrée, l'horloge d'un côté. Cette image était aussi la dernière qu'avait sans doute aperçue l'assassin en sortant. Je la remis à sa place et me demandai quelle devait être la suivante. Avais-je observé quelque chose d'autre avant de découvrir Mrs. Eagleton ? Je l'avais cherchée, instinctivement, dans le fauteuil fleuri où elle m'avait salué la première fois. La photo qui montrait les deux petits fauteuils sur le tapis à losanges reprit place dans la rangée supérieure. On distinguait, au-dessus du dossier de l'un des fauteuils, l'éclat des poignées chromées de sa chaise. Avais-je remarqué la chaise derrière le dossier ? Non, j'étais incapable de l'affirmer. C'était désespérant, subitement tout m'échappait, seuls brillaient dans ma mémoire le corps de Mrs. Eagleton étendue sur la chaise longue et ses yeux ouverts, comme si cette image diffusait une lumière trop violente qui plongeait tout le reste dans l'ombre. J'avais cependant bien vu, tandis que nous nous approchions, le plateau de Scrabble et les deux petits chevalets avec des lettres de son côté. L'une des photos avait figé la position du plateau sur le guéridon. Elle avait été prise de très près et l'on pouvait lire, en faisant un effort, tous les mots. Nous avions déjà discuté, Seldom et moi, au sujet des mots du plateau. Aucun de nous ne pensait qu'ils pourraient présenter un intérêt quelconque, ni se relier d'une façon ou d'une autre au symbole. L'inspecteur Petersen ne leur avait pas non plus accordé la moindre importance. Nous étions du même avis : le symbole avait été choisi avant le crime et n'était pas le fruit d'une inspiration du moment. J'examinai néanmoins, avec curiosité, les photos des deux chevalets. Ça, au moins, j'étais sûr de *ne pas* l'avoir vu. L'un ne portait qu'une lettre, le A. Sur l'autre il y en avait deux : le R et le O ; voilà qui signifiait sans doute que Mrs. Eagleton avait joué jusqu'au bout, jusqu'à épuiser toutes les lettres dans le sac, avant de s'endormir. Je passai un moment à essayer d'imaginer des mots en anglais que l'on aurait pu encore former, sur le plateau, avec ces dernières lettres. Il ne semblait y en avoir aucun et, en tout cas, songeai-je, Mrs. Eagleton l'aurait probablement découvert. Pourquoi n'avais-je pas vu les chevalets auparavant ? Je tentai de me rappeler leur position sur la table. À un coin, là où Seldom s'était tenu debout, soutenant l'oreiller. Il fallait peut-être que je cherche justement ce que je n'avais pas vu. Je parcourus encore une fois les photos, afin de déceler d'autres détails que j'aurais négligés, jusqu'à la dernière image, le visage si effrayant de Mrs. Eagleton sans vie. Non, il n'y avait rien de nouveau. De sorte que ça se réduisait à ces trois objets : les lettres sur les chevalets, l'horloge de l'entrée, le fauteuil roulant. Les roues… Ce ne serait pas par hasard l'explication du symbole ? Le triangle pour le musicien, l'aquarium pour Clark, et pour Mrs. Eagleton… le cercle : la roue de son fauteuil. *Ou bien la lettre O du mot omertá*, avait suggéré Seldom. En effet, le cercle pouvait aussi représenter n'importe quoi. Mais la présence de la lettre O sur l'un des chevalets était justement intéressante. Ou pas intéressante du tout, rien qu'une stupide coïncidence ? Peut-être que Seldom, lui, avait aperçu la lettre O sur le chevalet, et que ça lui avait soufflé l'idée de ce mot, *omertá*. Seldom avait rajouté quelque chose, le jour où nous étions entrés dans le Covered Market… qu'il se fiait à mon regard surtout *parce que je n'étais pas anglais*. Mais qu'est-ce que ça pouvait signifier, une façon pas anglaise de regarder ?

Le bruit d'une enveloppe coincée sous la porte me fit soudain sursauter ; on essayait de la glisser dessous sans y parvenir. J'ouvris : c'était Beth, qui se redressa bien vite, les joues rouges. Elle avait plusieurs autres enveloppes dans la main.

— J'ai cru que tu n'étais pas là, dit-elle, sinon j'aurais frappé.

Je l'invitai à entrer et ramassai l'enveloppe. Dedans il y avait un carton orné de l'un des dessins d'Alice et Humpty Dumpty ; une inscription imitant un décret royal annonçait : *Invitation à un non-mariage.*

Je la regardai avec un sourire intrigué.

— Nous ne pouvons pas encore nous marier car le jugement de divorce peut être très long… mais nous voulons quand même faire une fête. (Elle découvrit derrière moi les photos éparpillées sur le lit.) Des photos de ta famille ?

— Non, je n'ai pas de famille au sens propre. Ce sont les photographies prises par la police le jour du meurtre de Mrs. Eagleton.

Je songeai que Beth était indéniablement anglaise et que son regard pouvait se révéler aussi utile que tout autre. Qui plus est, elle avait été la dernière à voir Mrs. Eagleton en vie, et elle serait donc à même de détecter un changement quelconque dans cette petite scène. Je lui fis signe de s'approcher, elle hésita avec une expression d'horreur. Finalement, elle avança de deux pas à côté du lit et les parcourut rapidement, comme si elle avait peur de s'arrêter sur l'une d'entre elles.

— Pourquoi te les avoir données si longtemps après ? Qu'est-ce qu'ils imaginent pouvoir en tirer ?

— Ils espèrent trouver le lien entre le premier symbole et Mrs. Eagleton. Peut-être que maintenant tu peux te rendre compte d'un détail supplémentaire, quelque chose qui manque ou qui a changé de place…

— Mais j'ai déjà répondu à l'inspecteur Petersen : je suis incapable de me souvenir de l'endroit où était exactement chaque objet quand je suis partie. Lorsque j'ai descendu l'escalier, j'ai remarqué qu'elle s'était endormie et je suis sortie le plus silencieusement possible, sans même regarder encore dans sa direction. Je suis déjà passée par cette situation : ce soir-là, lorsque l'oncle Arthur est venu me prévenir au théâtre, ils m'attendaient en haut, dans le salon, avec le cadavre qui était encore là. (Elle prit, comme si elle s'efforçait de vaincre une ancienne terreur, la photo où l'on distinguait le corps de Mrs. Eagleton étendu sur la chaise longue.) La seule réponse que j'aie pu leur donner, dit-elle en effleurant du doigt la photographie, c'est qu'il manquait la couverture sur ses pieds. Elle ne se couchait jamais, même les jours les plus chauds, sans avoir mis la couverture sur ses pieds. Elle ne voulait pas que quelqu'un puisse voir ses cicatrices. Nous l'avions cherchée partout dans la maison, ce jour-là, mais la couverture n'était apparue nulle part.

— C'est exact, repris-je, surpris que nous eussions négligé ce point. Je ne l'ai jamais vue sans cette couverture. Pour quelle raison l'assassin souhaitait-il que les cicatrices soient exposées au grand jour ? À moins qu'il n'ait emporté la couverture en guise de souvenir, et qu'il ait aussi conservé un souvenir des deux autres crimes.

— Je ne sais pas. Je ne voudrais pas encore devoir penser à ça, dit Beth en se dirigeant vers la porte. Ç'a déjà été un vrai cauchemar… J'aimerais que tout soit enfin terminé. Lorsque Benito est mort, en plein concert, et que Petersen est apparu sur scène, j'ai cru que j'allais moi aussi mourir sur place. Je ne pensais qu'à une seule chose, c'est que d'une façon ou d'une autre il voudrait me faire porter le chapeau à moi.

— Non : il a immédiatement écarté la culpabilité éventuelle d'un membre de l'orchestre ; c'est forcément quelqu'un qui a grimpé sur scène pour l'attaquer par-derrière.

— En tout cas, conclut Beth en bougeant la tête, qu'on l'attrape vite et qu'on en finisse. (Elle posa une main sur le loquet, puis se retourna rapidement pour ajouter :) Bien entendu, tu peux aussi amener ta copine à la fête. C'est la fille avec qui tu jouais au tennis, non ?

Après le départ de Beth, je rangeai lentement les photos dans l'étui. Le carton d'invitation était resté ouvert sur la table. Le dessin correspondait en fait à une fête de non-anniversaire. L'une des trois cent soixante-quatre fêtes de non-anniversaire. En bon logicien, Charles Dodgson savait que, dès qu'on affirme quelque chose, ce qui reste en dehors de cette affirmation est incommensurablement plus vaste. La couverture constituait un message d'alerte infime et désespérant. Qu'y avait-il de plus, dans les autres cas, que nous n'avions pas su percevoir ? Voilà sans doute ce que Seldom attendait de moi : que j'imagine ce qui manquait et que nous aurions dû voir.

Je cherchai dans mon tiroir une serviette pour me doucher, en pensant encore à Beth. Le téléphone sonna. C'était Lorna : on lui avait accordé une journée de congé supplémentaire et elle était libre ce soir. Je lui demandai si elle voulait m'accompagner au spectacle de magie.

— Bien entendu, répondit-elle, je n'ai pas l'intention de louper la moindre de tes prochaines sorties. Mais je ne me fais aucune illusion : moi je ne vais avoir droit qu'à de stupides lapins tirés d'un chapeau haut de forme.

21.

Quand nous arrivâmes au théâtre, il ne restait plus de places pour les premiers rangs, mais Seldom proposa gentiment d'échanger son billet contre celui de Lorna, et de s'asseoir plus loin. Bien que la scène fût plongée dans l'ombre, on distinguait malgré tout une table, sur laquelle il n'y avait qu'un grand verre d'eau, et un fauteuil à haut dossier face au public. Légèrement à l'écart, une douzaine de chaises vides entouraient la table en formant un demi-cercle sur les côtés et derrière. Nous avions pénétré dans la salle quelques minutes après l'heure et, lorsque nous occupâmes nos sièges, les lumières commencèrent à baisser. Le théâtre resta dans l'obscurité pendant un laps de temps qui me parut durer à peine une fraction de seconde. Puis un projecteur éclaira de nouveau la scène, nous vîmes le magicien assis dans le fauteuil, comme s'il avait été là depuis toujours, s'efforçant de scruter le public avec une main sur le front, en guise de visière.

— De la lumière ! Plus de lumière, ordonna-t-il tandis qu'il se levait, faisait le tour de la table et s'approchait, la main toujours posée sur le front, du bord de la scène afin de nous parcourir du regard.

Un éclairage cruel de salle d'opération illumina sa silhouette voûtée. Je remarquai soudain, à ma grande surprise, qu'il était manchot. Son bras droit était coupé net au niveau de l'épaule, comme s'il lui avait toujours fait défaut. Son bras gauche s'éleva de nouveau dans un geste impérieux.

— Plus de lumière ! répéta-t-il. (Il avait une voix rauque, puissante, sans aucun accent.) Je veux que tous voient bien, que nul ne puisse prétendre : c'était un effet de fumée et de pénombre… Même si on aperçoit mes rides. Mes sept plis de rides. Oui, je suis très vieux, n'est-ce pas ? Presque *incroyablement* vieux. Et pourtant, une fois j'ai eu huit ans, je possédais deux mains, comme vous tous, et je voulus apprendre la magie. Non, ne m'enseignez pas de tours, disais-je à mon maître. Car je voulais être magicien, pas apprendre des tours. Mais mon maître, qui était presque aussi vieux que je le suis à présent, me répondit : Le premier pas, le premier pas c'est connaître les tours. (Il ouvrit les doigts de la main et les tendit tel un éventail devant son visage.) Je peux vous dire, car ça n'a plus d'importance, que mes doigts étaient agiles, très rapides. J'avais un don naturel, et bientôt j'étais en train de parcourir tout le pays, le petit prestidigitateur, une espèce de phénomène de cirque. Mais à dix ans j'eus un accident. Ou peut-être que ce ne fut pas un accident. Lorsque je me réveillai j'étais dans un lit d'hôpital et il ne me restait que cette main gauche. Moi qui aspirais à être un magicien, moi qui étais droitier. Mais mon vieux maître se présenta de nouveau et, tandis que mes parents pleuraient, il se contenta de déclarer : C'est le deuxième pas, peut-être seras-tu un jour magicien. Mon maître mourut, personne ne me révéla jamais le troisième pas. Et depuis lors, chaque fois que je monte sur une scène, je me demande si ce jour est arrivé. Et il est possible que vous soyez les seuls à pouvoir me le dire. Voilà pourquoi j'exige toujours de la lumière, et je vous demande de venir, de venir et de voir. Par ici, par ıci. (Il fit grimper sur scène, un par un, la moitié des spectateurs du premier rang, et les installa tout autour de lui, sur les chaises vides.) Plus près, tout près, je veux que vous surveilliez ma main, que vous ne vous laissiez pas surprendre : rappelez-vous qu'aujourd'hui je ne veux pas faire des tours de magie.

Il étendit sa main nue sur la table, tenant entre l'index et le pouce quelque chose de mou et de minuscule qu'on ne réussissait pas à distinguer depuis l'endroit où nous étions.

— Je viens d'un pays qu'on appelait *le grenier du monde*. Ne t'en va pas, mon fils, me suppliait ma mère, ici il ne te manquera jamais un morceau de pain. Je partis, je partis, mais j'emporte toujours avec moi ce petit bout de mie de pain. (Il le montra encore, puis il promena la main à droite et à gauche tout en serrant la petite boule blanche de ses deux doigts, avant de la poser soigneusement sur la table. Il appuya la paume dessus, avec un mouvement circulaire, comme s'il se proposait de la pétrir.) Étranges chemins que ceux des mies de pain, les oiseaux les effacent la nuit, et on ne peut plus rentrer. Si tu revenais, mon fils, me disait ma mère, il ne te manquerait jamais un morceau de pain. Mais impossible de revenir. Étranges chemins que ceux des mies de pain ! Des chemins pour partir mais non pour rentrer (la main tournait, hypnotique, sur la table), pour cette raison, je n'ai pas semé toutes les mies de pain sur le chemin. Où que j'aille, j'emporte toujours avec moi… (il leva la main, et nous vîmes qu'il tenait à présent un petit pain parfait, avec les cônes formés par les deux pointes dépassant de la paume)… un morceau de pain.

Il se pencha d'un côté et tendit sa main au premier spectateur du demi-cercle.

— N'ayez pas peur, goûtez-le. (La main, telle l'aiguille d'une montre, se déplaça vers la deuxième chaise, puis s'ouvrit de nouveau, laissant voir à nouveau une pointe arrondie et intacte.) Vous pouvez prendre un plus grand morceau. Allez, goûtez-le.

Il se tourna et se tourna encore, jusqu'à ce que tous eussent été servis.

— Oui, dit-il pensif, en terminant.

Il montra sa paume et le petit pain s'y trouvait toujours, intact. Il tendit ses doigts, ses longs doigts, comme s'il voulait comprimer le pain avec leurs extrémités, puis il referma lentement le poing. Quand il ouvrit sa main, il ne restait que la petite boule qu'il montra encore, entre le pouce et l'index.

— Il ne faut pas jeter sur le chemin toutes les mies de pain.

Il se leva pour recevoir les premiers applaudissements et congédia, depuis le bord de la scène, les douze personnes qui avaient occupé les chaises. Celles-ci furent remplacées par un second groupe auquel nous appartenions, Lorna et moi. Assis derrière lui, sur un côté, je pouvais le voir maintenant de profil, son nez crochu, sa moustache très noire, comme imbibée de teinture, sa chevelure clairsemée et grisonnante. Et surtout sa main, grande et osseuse, dont le dos était parsemé de taches de vieillesse. Il la glissa sous le grand verre d'eau et but une gorgée avant de poursuivre.

— J'aime appeler ce numéro « Ralentissement ». (Il avait sorti de sa poche un jeu de cartes qu'il battait avec une dextérité prodigieuse à l'aide de son unique main.) On ne peut pas copier les tours de magie, me disait mon maître. Mais moi je ne voulais pas faire des tours, je voulais faire de la magie. Peut-on copier un acte magique ? Six cartes, seulement (et il mit de côté une par une six cartes) : trois rouges et trois noires. Rouge et noir, le noir de la nuit, le rouge de la vie. Qui est capable de gouverner les couleurs ? Qui saurait les commander ? (Il lança les cartes en les retournant sur la table, avec un mouvement du pouce.) Rouge, noir, rouge, noir, rouge, noir. (Les cartes formaient maintenant une rangée avec les couleurs intercalées.) Et à présent, surveillez ma main : je veux le faire très lentement. (La main avança pour ramasser les cartes dans l'ordre où elles se trouvaient.) Qui saurait les commander ? (Et il les relança sur la table, avec le même mouvement du pouce.) Rouge, rouge, rouge, noir, noir, noir. Impossible d'aller plus lentement, dit-il alors, en reprenant les cartes, ou peut-être… peut-être que oui, peut-être qu'on *peut* aller plus lentement. (Il lança encore une fois les cartes en intercalant les couleurs et en les laissant tomber très doucement.) Rouge, noir, rouge, noir, rouge, noir. (Il tourna sa tête vers nous, afin que nous ne perdions rien de ses gestes, puis il fit avancer sa main avec une lenteur de crabe, prenant le plus grand soin à ne toucher que le première carte du bout des doigts. Il les ramassa avec une infinie délicatesse, et lorsqu'il les jeta sur la table, les couleurs s'étaient à nouveau réunies.) Rouge, rouge, rouge, noir, noir, noir. Mais ce jeune homme, dit-il en rivant subitement ses yeux sur moi, est toujours sceptique : il a sans doute consulté quelque manuel de magie, et il pense donc que le subterfuge tient à ma façon de ramasser les cartes, ou à un effet de glissement. Oui, il l'exécuterait comme ça… Moi aussi, quand j'avais deux mains. Mais il ne m'en reste qu'une. Et peut-être qu'un jour je n'en aurai aucune. (Il expédia de nouveau les cartes sur le table.) Rouge, noir, rouge, noir, rouge, noir. (Ses yeux revinrent sur moi, impérieux.) Rassemblez-les. Et puis retournez-les, sans que je les touche, retournez-les une par une. (J'obéis, et les cartes paraissaient se plier à sa volonté à mesure que je les découvrais.) Rouge, rouge, rouge, noir, noir, noir.

Quand nous regagnâmes nos places, tandis que résonnaient encore les applaudissements, il me sembla comprendre l'insistance de Seldom pour que j'assiste à la représentation. Chacun des numéros suivants fut, comme celui-ci, d'une extraordinaire simplicité, et en même temps parfaitement limpide, comme si le vieux magicien avait accédé à une espèce d'instance suprême où il n'avait plus besoin de ses mains. En outre, il donnait l'impression de s'amuser, dans son for intérieur, à transgresser toutes les règles de l'art. Il avait multiplié les tours de prestidigitation, il avait assis des gens derrière son dos pendant toute la représentation, il avait dévoilé les techniques utilisées par d'autres magiciens, dans l'histoire, pour obtenir les mêmes résultats que lui. À un moment je me retournai et je vis que Seldom s'abandonnait complètement à l'enchanteur, admiratif et heureux, tel un enfant ne se lassant jamais de regarder encore et encore un prodige. Je me souvenais du sérieux avec lequel il m'avait affirmé préférer l'hypothèse du fantôme pour la troisième mort ; croyait-il vraiment à ce genre de phénomène ? En tout cas, il était difficile de ne pas tomber sous le charme du magicien : l'art de chacun des numéros résidait dans cette transparence absolue qui ne permettait qu'une explication, à première vue impossible. Il n'y eut pas d'entracte et bientôt, ou ce qui me parut beaucoup trop tôt, il annonça son dernier tour.

— Vous vous êtes sans doute demandé, dit-il, pourquoi un si grand verre puisque finalement j'en ai à peine avalé une gorgée ? Il y a ici assez d'eau pour un poisson. (Il tira un mouchoir rouge en soie et frotta doucement le verre.) Et peut-être que si nous nettoyons bien le verre et que nous imaginons des petits cailloux colorés, peut-être, comme dans la cage de Prévert, réussirons-nous à attraper un poisson.

Il ôta le mouchoir et nous vîmes en effet qu'un carassin rouge nageait derrière les parois de verre, et qu'il y avait au fond des petits cailloux colorés.

— Vous savez que nous, les magiciens, nous avons été les victimes de féroces persécutions à plusieurs époques, depuis ce premier incendie qui a anéanti nos plus vieux ancêtres, les mages pythagoriciens. Oui, les mathématiques et la magie ont des racines communes, et elles ont longtemps partagé le même secret. Parmi toutes ces persécutions, la plus impitoyable fut sans doute celle qui débuta après le duel entre Pierre et Simon Magus, lorsque la magie fut officiellement interdite par les chrétiens. Ils avaient peur que quelqu'un d'autre pût multiplier les pains et les poissons. Ce fut alors que les magiciens conçurent ce qui est resté, jusqu'à aujourd'hui, leur stratégie de survie : ils ont écrit des manuels avec les trucs les plus évidents, afin qu'ils soient divulgués auprès du public, ils ont introduit dans leurs spectacles des boîtes à malice et des miroirs. Ils ont eu tôt fait de convaincre tout le monde de l'existence, derrière chaque tour, d'un subterfuge, ils sont devenus des magiciens de salon, ils ont imité les prestidigitateurs, et ainsi ils sont parvenus à poursuivre, en secret, au nez et à la barbe de leurs persécuteurs, leur propre multiplication des pains et des poissons. Oui, l'artifice le plus constant et le plus subtil a été de tous les convaincre que la magie n'existe pas. Je viens d'utiliser moi-même ce mouchoir, mais, pour les vrais magiciens, le mouchoir ne cache pas le trucage, le mouchoir cache un secret beaucoup plus ancien. C'est pourquoi, rappelez-vous, dit-il, avec un sourire méphistophélique, rappelez-vous toujours : la magie n'existe pas. (Il claqua des doigts et un autre poisson sauta dans l'eau.) La magie n'existe pas. (Un nouveau claquement de doigts et un troisième poisson sauta dans le verre. Il couvrit l'aquarium avec le mouchoir et, quand il l'eut retiré en le tenant par un coin, il n'y avait plus ni verre, ni cailloux, ni poissons.) La magie… n'existe pas.

22.

Nous étions installés à l'*Eagle and Child* et Seldom et Lorna se moquaient du temps que je mettais pour finir ma première bière.

— *Impossible de la boire plus lentement... ou peut-être que oui, peut-être qu'on pourrait la boire plus lentement*, dit Lorna, singeant la grosse voix rauque du magicien.

Après la représentation, nous étions restés quelques minutes dans la loge de Lavant, mais Seldom n'avait pas réussi à le convaincre de venir avec nous.

— Ah oui, le jeune sceptique, s'était-il souvenu, distrait, lorsque Seldom m'avait présenté.

Puis, quand il apprit que j'étais argentin, il me déclara, dans un castillan qu'il paraissait ne pas avoir pratiqué depuis très longtemps :

— La magie est très bien protégée grâce aux sceptiques.

Il se sentait très fatigué, nous avait-il avoué, en

revenant à l'anglais ; il faisait des spectacles de plus en plus courts, sans parvenir à tromper ses os.

— Il faut qu'on bavarde avant mon départ, bien entendu, avait-il dit depuis la porte à Seldom, et j'espère que tu trouveras une réponse à tes questions dans le livre que je t'ai donné.

— Qu'avais-tu demandé au magicien ? De quel livre il te parlait ? demanda Lorna, avec une curiosité confiante ; la bière semblait produire en elle un étrange effet : une sorte de camaraderie retrouvée, que j'avais déjà remarquée à son sourire quand elle avait trinqué avec Seldom, et je fus obligé de m'interroger sur le degré qu'avait atteint leur amitié.

— C'est lié à la mort du musicien, répondit Seldom. Une idée que j'ai envisagée un moment, quand je me suis rappelé comment était morte Mrs. Crafford.

— Ah oui ! s'écria Lorna avec enthousiasme, l'affaire du télépathe.

— Ce fut l'une des affaires les plus célèbres sur lesquelles a enquêté Petersen. (Seldom s'adressa à moi :) La mort de Mrs. Crafford, une vieille dame très riche qui dirigeait le cercle local de spiritisme. C'était l'époque où les éliminatoires du championnat du monde d'échecs se disputaient ici. Un télépathe hindou assez connu était arrivé à Oxford et les époux Crafford avaient organisé une soirée privée, dans leur demeure, pour s'y livrer à une expérience de télépathie à distance. La maison des Crafford se trouve à

Summertown, près de chez vous. Le télépathe se tenait à Folly Bridge, à l'autre extrémité de la ville. La distance était censée établir une espèce de record ridicule. Mrs. Crafford s'était prêtée de bonne grâce à servir de premier cobaye. Le télépathe hindou lui plaça une sorte de calotte sur la tête, l'abandonna assise au milieu de son salon et partit en direction du pont. Les lumières s'éteignirent à l'heure indiquée. La calotte était phosphorescente et brillait dans l'obscurité, le public entrevoyait le visage de Mrs. Crafford nimbé d'un halo spectral. Trente secondes s'écoulèrent ; soudain, on entendit un cri horrible, suivi d'un long grésillement, tels des œufs plongés dans la friture. Quand Mr. Crafford eut rétabli la lumière, on découvrit que la malheureuse était morte sur sa chaise ; son crâne était complètement brûlé, comme frappé par la foudre. Le pauvre hindou fut placé en détention préventive, jusqu'à ce qu'il fût parvenu à expliquer que la calotte était totalement inoffensive, un simple morceau de tissu recouvert d'une peinture fluorescente, conçu seulement pour produire un effet de mise en scène. L'homme était aussi perplexe que tout un chacun : il avait exécuté son numéro de télépathie à distance dans de nombreux pays et dans toutes les conditions atmosphériques, et ce jour-là était particulièrement dégagé et radieux. Bien sûr, les soupçons de Petersen s'orientèrent aussitôt sur Mr. Crafford. On savait qu'il avait une aventure avec une femme beaucoup plus jeune que lui, mais cela semblait insuffisant pour l'inculper. En outre, il était même difficile d'imaginer *comment* il avait bien pu faire. Petersen dressa son acte d'accusation contre lui à partir d'un seul élément : Mrs. Crafford s'était coiffée ce soir-là de ce qu'elle appelait sa « perruque de gala », qui comportait une petite grille en fil de fer à l'intérieur. On avait vu son époux s'approcher d'elle pour lui donner un baiser affectueux avant l'extinction des lumières. Petersen soutenait qu'il en avait profité pour brancher un câble à cet instant, câble destiné à l'électrocuter et qu'il avait escamoté ensuite, tandis qu'il faisait mine de lui prêter assistance. Ce n'était pas impossible, mais assez complexe, ainsi que le démontra par la suite le procès. L'avocat de Crafford disposait en revanche d'une explication alternative simple et, à sa façon, brillante : si vous observez la carte de la ville, juste à mi-chemin entre Folly Bridge et Summertown se trouve The Playhouse, où se disputait alors le tournoi d'échecs. Au moment de la mort, il y avait là près de cent joueurs furieusement concentrés sur leurs échiquiers. La défense soutenait donc que l'énergie mentale libérée par le télépathe s'était brusquement renforcée, en traversant le théâtre, avec la somme des énergies de chaque partie d'échecs, puis s'était déchaînée tel un cyclone sur Summertown… Enfin, c'était supposé expliquer pourquoi ce qui n'était, au début, qu'une inoffensive onde cérébrale, avait finalement terrassé Mrs. Crafford avec la puissance de la foudre. Le procès divisa Oxford en deux camps. La défense fit comparaître une cohorte de parapsychologues et autres soi-disant experts en phénomènes paranormaux, lesquels, comme il fallait s'y attendre, confortèrent cette théorie avec toutes sortes d'explications ridicules, dans le jargon pseudo-scientifique habituel. Ce qu'il y a de bizarre, c'est que plus les théories étaient extravagantes, et plus le jury – et toute la ville – paraissait disposé à les croire. Je venais alors d'entamer mes études sur l'esthétique des raisonnements et j'étais fasciné par la force de conviction susceptible de se dégager d'une idée attrayante. L'on aurait pu certes arguer de la composition du jury, une poignée d'individus qui n'étaient pas nécessairement entraînés à la pensée scientifique, des gens plus habitués à faire confiance aux horoscopes et aux tarots qu'à se méfier des parapsychologues et des télépathes. Mais le plus intéressant, c'était que la ville tout entière épousait cette idée et voulait y croire, non par un accès d'irrationalisme, mais pour des raisons prétendument scientifiques. C'était en quelque sorte une bataille au sein même du rationnel, et la théorie des joueurs d'échecs était simplement plus séduisante, plus limpide, plus expressive, aurait dit un peintre, que la théorie du câble sous la perruque. Mais alors, quand tout semblait pencher en faveur de Crafford, on publia, dans l'*Oxford Times*, la lettre d'une lectrice, une certaine Lorna Craig, une jeune fille plutôt férue de romans policiers, ajouta Seldom en désignant Lorna avec son pichet ; ils échangèrent tous deux un sourire comme s'ils partageaient une vieille plaisanterie. La lettre rappelait simplement que, dans l'une des nouvelles publiées dans un ancien numéro de la revue *Ellery Queen*, on imaginait une mort identique, par télépathie à distance, à cette différence près que l'onde cérébrale traversait un stade de football, au moment précis où on tirait un penalty, au lieu d'un salon rempli de joueurs d'échecs. Détail amusant : dans l'histoire on donnait comme vraie, et en tant que solution de l'énigme, la thèse de la tempête cérébrale soutenue par la défense ; et pourtant, ô versatile nature humaine, à peine les gens eurent-ils appris que Crafford avait pu s'inspirer de cette idée qu'ils se retournèrent tous contre lui. L'avocat eut beau démontrer que Crafford n'était pas à proprement parler un grand lecteur, et qu'il y avait de fortes chances pour qu'il n'eût jamais connu cette histoire, tout fut inutile. À répéter cette idée, elle avait perdu un peu de son aura ; à présent, ça avait tout l'air d'une idée loufoque, la simple lubie d'un écrivain. Le jury, un jury composé d'hommes faillibles, aurait dit Kant, le condamna à la prison à perpétuité, sans avoir pu trouver aucune autre preuve à charge. En somme : la seule pièce à conviction versée aux débats durant tout le procès fut une nouvelle fantastique que le pauvre Crafford n'avait pas lue.

— Le *pauvre* Crafford avait grillé son épouse ! s'exclama Lorna.

— Vous voyez, reprit Seldom en riant, il y avait des gens qui étaient totalement convaincus et n'avaient pas besoin de preuves. En tout cas, je me suis de nouveau souvenu de cette affaire le soir du concert. Vous n'avez pas oublié que l'asphyxie du musicien s'est produite au moment où l'orchestre jouait le plus fort : j'ai donc voulu interroger Lavant sur le genre d'effets que l'on peut créer à distance. Avec les billets pour le spectacle, il m'a déposé un livre sur l'hypnotisme, mais je n'ai pas encore eu le temps de le lire.

Une serveuse s'approcha pour prendre notre commande. Lorna me signala sur le menu le classique *fish and chips*, avant de se lever afin d'aller aux toilettes. Quand Seldom eut fini de commander et que la serveuse nous eut laissés seuls, je lui rendis l'étui avec les photos.

— Vous avez réussi à vous *rappeler* ? me demanda Seldom et, après avoir vu mon visage dubitatif : C'est très difficile, n'est-ce pas ? Retourner au point de départ comme si l'on ne savait rien. Se défaire de tout ce qui est arrivé par la suite. Vous avez pu distinguer un élément qui vous aurait échappé auparavant ?

— Un seul : tel que nous l'avons découvert, le

cadavre de Mrs. Eagleton n'avait pas la couverture à ses pieds.

Seldom se rejeta en arrière, sur sa chaise, et plaça une de ses mains sous son menton.

— Oui... ça peut être intéressant. En effet, à présent que vous le dites, je m'en souviens parfaitement, elle portait toujours, au moins quand elle sortait, une couverture écossaise.

— Beth est sûre qu'elle avait encore sa couverture quand elle a descendu l'escalier à deux heures. Après ils l'ont cherchée dans toute la maison sans la retrouver. Petersen ne nous en avait pas parlé, dis-je un peu dépité.

— Allons, répliqua Seldom, avec une ironie suave, c'est l'inspecteur de Scotland Yard chargé de l'affaire, peut-être n'a-t-il pas ressenti la nécessité de nous rapporter le moindre détail.

Je ne pus m'empêcher de rire.

— Mais nous en savons plus que lui.

— En un certain sens seulement, corrigea Seldom : disons que nous avons plus présent à l'esprit le théorème de Pythagore.

Son visage s'assombrit, comme si quelque chose dans la conversation lui avait ramené à l'esprit ses pires pressentiments. Il se pencha vers moi, on aurait dit qu'il allait me confier un secret.

— Sa fille m'a raconté qu'il ne dort plus la nuit ; plusieurs fois elle l'a trouvé réveillé, à l'aube, essayant de lire des livres de mathématiques. Ce matin il m'a encore appelé. Il me semble qu'il a peur, comme moi, que jeudi ne soit trop tard.

— Mais jeudi c'est après-demain.

— Après-demain…, répéta Seldom. En espagnol vous dites *pasado mañana*, n'est-ce pas ? C'est un mélange intéressant des temps. Le passé avec le futur… En réalité, demain n'est pas tout à fait une journée comme les autres. C'est précisément la raison du coup de téléphone de Petersen. Il veut envoyer plusieurs de ses hommes à Cambridge.

— Qu'est-ce qui arrive à Cambridge, demain ?

Lorna était de retour et elle apportait trois nouvelles bières qu'elle distribua sur la table.

— Je crains que cela n'ait à voir avec l'un des ouvrages que j'ai moi-même prêtés à l'inspecteur Petersen. Un livre qui propose une version assez fantastique au sujet de l'histoire du théorème de Fermat. Il s'agit du problème le plus ancien des mathématiques non encore résolu, dit-il à Lorna : cela fait plus de trois cents ans que les mathématiciens l'étudient, et il est possible que demain, à Cambridge, l'un d'entre eux parvienne à le démontrer. Cet ouvrage fait remonter l'origine de la conjecture aux tierces pythagoriciennes, l'un des secrets de la première époque de la secte, avant l'incendie, quand on n'avait pas encore séparé, selon les termes employés par Lavant, la magie et les mathématiques. Les pythagoriciens considéraient les propriétés et les relations numériques comme le chiffre secret d'une divinité, qui ne devait pas être divulgué en dehors de la secte. On avait le droit de diffuser les énoncés des théorèmes, pour les usages de la vie quotidienne, mais jamais leur démonstration, de la même façon que les magiciens font le serment de ne pas révéler leurs artifices. Quiconque enfreignait la règle encourait la peine de mort. Ce livre soutient donc que Fermat lui-même appartenait à une loge plus moderne, mais non moins stricte, de pythagoriciens. Il avait annoncé, dans la fameuse annotation en marge des *Arithmétiques*, de Diophante, qu'il possédait une démonstration de sa conjecture ; néanmoins, on n'a rien trouvé après sa mort parmi ses papiers, ni cette démonstration ni aucune autre. Je suppose en tout cas que Petersen s'est inquiété de plusieurs morts bizarres qui entourent l'histoire du théorème. Il est évident que beaucoup de gens meurent en trois cents ans, y compris ceux qui étaient sur le point de fournir une démonstration. Mais l'auteur est malin, et il se débrouille pour que certaines de ces morts paraissent vraiment suspectes. Par exemple le suicide pas si éloigné de Taniyama, avec cette lettre tellement étrange qu'il avait laissée à sa fiancée.

— Alors, dans ce cas les crimes seraient..

— Un avertissement, répondit Seldom. Un avertissement au monde des mathématiciens. La conspiration imaginée par le livre, je l'ai déjà indiqué à

Petersen, m'apparaît, à moi, comme une somme ingénieuse de divagations. Mais il y a un point qui me tourmente malgré tout : Andrew Wiles a travaillé dans le secret le plus absolu durant les sept dernières années. Personne n'a la moindre piste au sujet de sa démonstration : même à moi il ne m'a laissé voir aucun de ses papiers. S'il se passait quelque chose avant sa présentation et que ces papiers disparaissaient, il pourrait peut-être s'écouler trois cents autres années avant que quelqu'un ne soit en mesure de répéter cet exercice. Pour cette raison, et au-delà de mes certitudes, je ne trouve rien à redire à l'envoi de quelques-uns de ses hommes par Petersen. Si un malheur arrivait finalement à Andrew (son visage s'assombrit de nouveau), je ne me le pardonnerais jamais.

23.

Le mercredi 23 juin, il était près de midi quand je me réveillai. Je sentais, en provenance de la petite cuisine de Lorna, l'odeur du café et un second parfum alléchant, celui des gaufres toutes fraîches. Sir Thomas, le chat de Lorna, était parvenu à jeter par terre une bonne partie du couvre-lit et il était pelotonné au pied du lit. Je passai à côté de lui et donnai un baiser à Lorna dans la cuisine. Le journal était ouvert sur la table. Tandis que Lorna servait le café, je jetai un coup d'œil rapide sur les nouvelles. La série de crimes avec de mystérieux symboles, déclarait l'*Oxford Times*, sans parvenir à dissimuler son chauvinisme local, faisait les manchettes des principaux quotidiens de Londres. On reproduisait en première page les gros titres qui étaient parus la veille dans les journaux nationaux, mais c'était tout, il n'y avait, bien entendu, rien de nouveau sur l'affaire.

Je cherchai, dans les pages intérieures, une

information quelconque au sujet du séminaire de Cambridge. Il y avait tout juste une brève circonspecte, sous le titre «Le Moby Dick des mathématiciens», où l'on énumérait la longue litanie d'échecs jalonnant les tentatives visant à démontrer le théorème de Fermat. Le quotidien mentionnait enfin que les paris étaient ouverts, à Oxbridge, sur l'issue de la dernière des trois conférences de l'après-midi, et que pour le moment on donnait Wiles à six contre un.

Lorna avait réservé un court de tennis pour une heure. Nous passâmes par Cunliffe Close afin que j'y prenne ma raquette et nous jouâmes longuement, sans être dérangés par personne, attentifs seulement à la balle franchissant le filet, dans ce petit rectangle hors du temps. Lorsque nous abandonnâmes le stade, je vis à l'horloge du club qu'il était presque trois heures; je demandai à Lorna d'aller faire un tour à l'Institut avant de rentrer. Le bâtiment était désert, en grimpant l'escalier je fus obligé d'allumer les lumières sur mon passage. J'entrai dans la salle informatique, vide également, et je consultai mes e-mails. Le bref message qui défilait, tel un mot de passe destiné à tous les mathématiciens aux quatre coins du monde, apparut sur l'écran: *Wiles a réussi!* Il n'y avait aucun détail sur la dernière présentation; on indiquait seulement que la démonstration était parvenue à convaincre les spécialistes et qu'une fois rédigée elle pouvait atteindre quelque deux cents pages.

— Une bonne nouvelle ? me demanda Lorna quand j'eus regagné l'auto.

Je lui racontai ce que je venais d'apprendre et je suppose qu'elle perçut, dans le ton admiratif de ma voix, la fierté étrange et contradictoire qu'éveillaient en moi les mathématiciens.

— Tu aurais peut-être préféré être là-bas cet après-midi ? (Puis, en riant :) Qu'est-ce que je pourrais faire, pour me faire pardonner ?

Nous fîmes l'amour, en proie à une joyeuse et irrésistible animalité, durant tout le reste de l'après-midi. À sept heures, alors que le soir commençait à tomber et que nous étions encore étendus l'un à côté de l'autre, dans un silence harassé, le téléphone sonna tout près de moi. Lorna me passa dessus pour répondre. Je vis se dessiner sur son visage une expression de surprise, puis de tristesse horrifiée. Elle me fit signe d'allumer le téléviseur et elle s'habilla rapidement, en coinçant l'écouteur sous son menton.

— Il s'est produit un accident à l'entrée d'Oxford, à un endroit qu'on appelle le « triangle aveugle ». Un autobus a démoli le pont et s'est écrasé dans le ravin. On attend l'arrivée de plusieurs ambulances avec des blessés au Radcliffe : on va avoir besoin de moi au service de radiologie.

Je changeai de chaîne jusqu'à tomber sur le journal télévisé local. Une journaliste parlait tout en s'approchant du pont détruit, suivie d'une caméra. Je tripotai deux ou trois boutons, sans parvenir à entendre sa voix.

— Le son ne marche pas, dit Lorna.

À présent elle était complètement vêtue et elle cherchait son uniforme dans le placard.

— Seldom et tout un groupe de mathématiciens revenaient de Cambridge en car cet après-midi. L'accident a eu lieu à quelle sortie ?

Lorna se retourna, comme pétrifiée par un mauvais pressentiment, et s'approcha de moi.

— Mon Dieu, ils étaient obligés de passer par ce pont s'ils venaient de là.

Nous restâmes immobiles, les yeux désespérément fixés sur l'écran du téléviseur. La caméra montrait les fragments de verre à côté du pont et l'endroit où le parapet avait été défoncé. Alors que la journaliste se penchait au-dessus du vide et indiquait quelque chose en bas, nous vîmes apparaître, grossi par le téléobjectif, l'amas de ferraille qui avait été le véhicule. La caméra bougeait et oscillait en suivant la journaliste qui avait décidé de descendre la pente escarpée de la falaise. Un morceau du châssis s'était détaché là où, apparemment, le bus avait effectué le premier de ses tonneaux. Lorsque la caméra se dirigea de nouveau vers le fond du ravin, maintenant beaucoup plus proche, nous aperçûmes un groupe d'ambulances ; elles étaient parvenues à s'approcher par le bas pour les opérations de sauvetage. Un gros plan consternant révéla les vitres muettes et brisées en mille morceaux de l'autocar, puis un fragment orange de la carrosserie que je ne reconnus pas. Je sentis Lorna me presser un bras.

— C'est un bus scolaire. Mon Dieu : des enfants ! Tu crois que…, murmura-t-elle sans se décider à terminer la phrase.

Elle me jeta un regard épouvanté, comme si le cauchemar de la réalité avait soudain fait irruption au milieu d'un jeu insouciant.

— Il faut que j'aille tout de suite à l'hôpital, ajouta-t-elle, et elle me donna un baiser rapide. Si tu as l'intention de sortir, la porte se referme toute seule.

Je restai à regarder la succession hypnotique des images sur le petit écran. La caméra avait fait le tour de l'autobus et montrait l'une des vitres, devant laquelle s'était regroupée une équipe de secouristes. L'un des hommes avait à l'évidence réussi à pénétrer à l'intérieur et il s'efforçait de sortir par là le corps de l'un des petits. Apparurent d'abord les jambes maigres et nues, qui se balancèrent avec un mouvement désarticulé, avant qu'une rangée de mains disposées telle une civière ne les immobilise. L'enfant portait un short de gymnastique, taché de sang sur un côté, et des tennis d'un blanc éclatant. Lorsque le bas du torse dépassa, je découvris qu'il était vêtu d'un maillot de compétition sans manches, avec un grand numéro sur la poitrine. La caméra revint sur la vitre. Deux grandes mains soutenaient par-derrière, avec un soin infini, la tête du garçon. Le long des poignets, on voyait tomber par terre de grosses gouttes de sang, comme un flot irrépressible coulant de la nuque. Lorsque la caméra s'arrêta sur le visage de la victime, j'eus la surprise de reconnaître, sous la mèche blonde en bataille, l'incontestable faciès mongolien d'un enfant atteint du syndrome de Down. Le visage de l'homme à l'intérieur de l'autocar apparut pour la première fois derrière. Sa bouche s'ouvrait et répétait deux mots, avec désespoir, tandis qu'il tendait ses deux paumes ensanglantées vers l'extérieur, dans un geste qui signifiait qu'il ne restait plus personne dedans. La caméra suivit la procession transportant ce dernier garçon derrière le car. Quelqu'un empêcha le cameraman de passer, mais malgré cela on eut le temps de distinguer l'image furtive d'une longue file de civières, avec des corps recouverts jusqu'en haut par des draps. L'antenne fut rendue au studio. On montra une photo du groupe d'enfants avant un match. Il s'agissait en effet d'une équipe de basket appartenant à une école spécialisée, qui revenait d'un tournoi scolaire à Cambridge. Cinq titulaires et cinq remplaçants. Les noms défilèrent rapidement en bas de l'écran. Une phrase laconique confirmait que tous les dix étaient morts. Une seconde photo apparut, le visage d'un homme encore jeune, qui me sembla vaguement familier, bien que le nom sous la photo, Ralph Johnson, me fût totalement inconnu. C'était le conducteur du car et il avait apparemment survécu au choc, mais il était également décédé avant d'arriver à l'hôpital. Le visage disparut de l'écran et fut remplacé par une chronologie des tragédies qui s'étaient produites au même endroit.

J'éteignis le poste de télévision ; je me rejetai en arrière, avec un oreiller sur les yeux, en essayant de me rappeler où j'avais bien pu apercevoir le visage du chauffeur. La photo datait sans doute de plusieurs années. Les cheveux très courts et crépus, les joues creuses, les yeux enfoncés dans les orbites… je l'avais déjà vu, oui, mais pas en tant que chauffeur, ailleurs… *où ?* Je me levai du lit, de mauvaise humeur, pris une longue douche, repassant mentalement en revue chacun des visages que j'avais croisés dans la ville depuis mon arrivée. Tandis que je m'habillais et retournais chercher mes chaussures dans la chambre, je m'efforçai de reconstituer le visage de l'écran. Les petites boucles serrées, l'expression fanatique… Oui, je m'assis sur le lit, frappé de stupeur, bouleversé par tout ce que cela impliquait, mais impossible de me tromper, après tout, je n'avais pas connu tellement de gens que ça à Oxford. J'appelai l'hôpital et demandai à parler à Lorna. À peine entendis-je le son de sa voix que je l'interrogeai, en baissant involontairement la voix.

— Le conducteur du bus… c'était le père de Caitlin, n'est-ce pas ?

— Oui, répondit-elle après une seconde de silence, et je me rendis compte que sa voix aussi s'était transformée en un murmure.

— J'ai raison de supposer ce que je suppose ?

— Je ne sais pas, mais je n'ai rien voulu dire. L'un des poumons était compatible. Caitlin vient d'entrer en salle d'opération : ils pensent qu'ils peuvent encore la sauver.

24.

— Pendant les premières heures j'ai cru à une erreur, dit Petersen. J'ai pensé que votre bus représentait la véritable cible, puisque vous arriviez juste derrière. J'ai même l'impression que certains mathématiciens ont pu voir la chute dans le ravin, n'est-ce pas ? demanda-t-il en s'adressant à Seldom.

Nous étions dans un petit café à Little Clarendon. Petersen nous y avait fixé rendez-vous, en dehors de son bureau, comme s'il avait quelque chose à se faire pardonner, ou qu'il voulait nous remercier. Il était vêtu d'un costume noir très sévère et je me rappelai que ce matin-là devait avoir lieu un service funèbre spécial pour les enfants décédés. C'était la première fois que je voyais Seldom depuis son retour. Il avait une expression grave et silencieuse et l'inspecteur fut obligé de reposer sa question.

— En effet, nous avons aperçu la collision contre le pont et ensuite le premier des tonneaux. Notre bus s'est arrêté aussitôt et quelqu'un a téléphoné au Radcliffe Hospital. Certains affirmaient qu'ils pouvaient entendre des cris du fond du ravin. Ce qu'il y a de bizarre, dit Seldom, c'est que deux ambulances étaient *déjà* là quand nous nous sommes penchés au-dessus du vide.

— Les ambulances étaient là parce que, cette fois-ci, le message est parvenu non pas après mais avant le crime. C'est d'abord ça qui a retenu mon attention. En plus, il ne vous a pas été adressé, comme les précédents, mais il a directement été envoyé au service des urgences de l'hôpital, qui m'ont averti tandis que les ambulances se mettaient en route.

— Que disait le message ? demandai-je.

— *Le quatrième de la série est la tetraktys. Dix points dans le triangle aveugle.* Ç'a été un appel téléphonique, qui par chance a été enregistré. Nous possédons d'autres enregistrements de sa voix, et, bien qu'il ait un peu essayé de la déformer, il n'y a pas le moindre doute à cet égard. Nous savons même d'où a été effectué l'appel : un appareil à pièces dans une station-service des environs de Cambridge, où il s'était arrêté, semble-t-il, pour prendre de l'essence. C'est là que nous avons trouvé le premier détail intrigant dont s'est rendu compte Sacks en vérifiant les tickets : il a pris très peu d'essence, beaucoup moins qu'en partant d'Oxford. Quand on a expertisé le car, on a constaté qu'effectivement le réservoir était presque vide.

— Il ne voulait pas que la chute provoque un incendie, dit Seldom, comme s'il était obligé d'acquiescer, malgré lui, à un raisonnement irréprochable.

— Oui, poursuivit Petersen, au début j'ai imaginé, en m'en tenant au schéma antérieur, qu'il avait prévenu sans doute parce qu'il souhaitait inconsciemment que nous intervenions, ou peut-être parce que ça faisait partie du jeu : une espèce de handicap qu'il nous rendait. De fait, il ne désirait qu'une seule chose : que les corps ne brûlent pas et que les ambulances soient juste à côté, pour s'assurer que les organes arrivent le plus vite possible à l'hôpital. Il savait que dix corps lui donnaient de fortes chances pour la greffe. Je suppose qu'il a gagné, à sa manière : il était trop tard quand nous avons compris. L'opération a eu lieu presque immédiatement, le jour même, dès qu'on a obtenu le consentement des premiers parents, et d'après ce qu'on m'a dit la fillette survivra. En réalité, nous avons seulement commencé à le soupçonner hier, lorsqu'une vérification de routine nous a révélé que son nom figurait également sur la liste de Blenheim Palace. Il avait amené au concert un autre groupe d'enfants de l'école et il les attendait probablement au parking. Il se tenait à l'endroit idéal pour faire le tour du kiosque, étouffer le percussionniste et rejoindre sa place sans que personne ne l'aperçoive au milieu du tumulte. On nous a confirmé, au Radcliffe Hospital, qu'il avait rencontré Mrs. Eagleton : les infirmières les ont vus bavarder ensemble deux ou trois fois. Nous savons également que Mrs. Eagleton avait entre les mains, dans la salle d'attente, votre ouvrage au sujet des séries logiques. Elle a dû lui raconter qu'elle vous connaissait personnellement, sans s'imaginer que cet aveu la transformerait en première victime. Enfin, parmi ses livres, nous en avons trouvé un sur les Spartiates, un sur les pythagoriciens et les transplantations dans l'Antiquité, et un autre sur le développement physique des enfants atteints du syndrome de Down : il voulait être sûr que leurs poumons seraient utilisables.

— Et pour Clark ? Il a fait comment ? demandai-je.

— Désormais, je ne pourrai plus jamais en apporter la preuve, mais je crois que ça s'est sans doute passé comme ça : il n'a pas tué Clark. Il s'est contenté de surveiller le deuxième étage jusqu'à ce qu'il ait vu sortir de cette salle un chariot avec un mort, une salle où il savait que Seldom se rendait de temps à autre. Les cadavres restent dans une petite pièce à ce même étage, sans aucune surveillance, parfois durant des heures. Il est donc simplement entré dans la chambre et il a enfoncé dans le bras de Clark l'aiguille d'une seringue vide, afin de laisser une marque et de simuler un assassinat. À sa façon, l'homme avait l'intention de faire le moins de mal possible. Pour comprendre son raisonnement, il faut commencer par la fin ; c'est-à-dire par le groupe d'enfants. Il a dû se mettre à y réfléchir la seconde fois qu'on a refusé un poumon à sa fille. Il n'avait pas encore demandé un congé à cette époque et il transportait tous les matins ces garçons dans son autobus. Ils sont devenus peu à peu à ses yeux une sorte de banque de poumons sains, qu'il laissait échapper tous les jours alors que sa fille se mourait. La répétition crée le désir, certes, et le désir engendre des obsessions. Peut-être qu'il a d'abord songé à n'en tuer qu'un seul, mais comment être sûr de tomber sur un poumon compatible ? En outre, il n'ignorait pas que, dans cette école, beaucoup de parents sont des catholiques très pratiquants : il est très fréquent que les parents de ces enfants-là se réfugient dans la religion, certains en arrivent même à imaginer que leurs petits sont des espèces d'anges. Il ne voulait pas courir le risque qu'on lui refuse encore la greffe s'il en choisissait un au hasard, mais il ne pouvait pas non plus simplement se précipiter dans le ravin avec eux : on l'aurait tout de suite soupçonné et aucun parent n'aurait accepté la donation du poumon. Tous savaient que la santé de sa fille désespérait Johnson, et que peu après qu'elle eut été hospitalisée il avait consulté la législation anglaise avec l'intention de se suicider. En définitive, il avait besoin de quelqu'un qui les tue à sa place. Je suppose qu'il s'est trouvé face à ce dilemme, puis il a lu, peut-être par le biais de Mrs. Eagleton, ou dans ces bonnes feuilles publiées par le quotidien, le chapitre de votre livre sur les crimes en série. Il a alors découvert l'idée qui lui manquait. Il a conçu son plan, un plan très simple. S'il ne pouvait trouver personne susceptible d'assassiner les enfants pour lui, il inventerait un meurtrier. Un tueur en série imaginaire auquel tous croiraient. Il avait sans doute déjà lu des ouvrages relatifs aux pythagoriciens, et il n'eut aucun mal à imaginer une suite de symboles pouvant être considérés comme un défi lancé à un mathématicien. Encore que le deuxième symbole eût peut-être une connotation particulière pour lui : c'est le symbole des premiers chrétiens. Et il aurait ainsi montré qu'il était en train de se venger. Nous savons aussi qu'il était spécialement fasciné par la *tetraktys*, qui apparaît en marge de presque tous ses livres, probablement à cause de la correspondance avec le chiffre dix, l'équipe de basket tout entière, le nombre d'enfants qu'il pensait tuer. Il a choisi Mrs. Eagleton pour entamer la série car on pouvait difficilement trouver victime plus parfaite : une femme âgée, invalide, qui restait seule chez elle tous les après-midi. Surtout, il ne voulait pas alerter la police, au début. C'était un élément clef de son plan : les premières morts devaient être imperceptibles, de sorte que nous ne nous lancions pas immédiatement à sa poursuite et qu'il ait le temps d'arriver à la quatrième. Il lui suffisait qu'une seule personne soit prévenue : vous. Lors du premier crime, quelque chose n'a pas fonctionné, mais il fut en tout cas plus intelligent que nous et il n'a plus commis d'erreurs. Oui, à sa façon, il a gagné. C'est bizarre, mais j'ai du mal à le condamner : j'ai une fille, moi aussi. Il est difficile de savoir jusqu'où on irait pour son enfant.

— Vous pensez qu'il espérait en réchapper ? demanda Seldom.

— Nous ne le saurons jamais. L'expertise a montré qu'il avait légèrement limé la direction. En principe, ça lui aurait fourni un alibi. Mais, d'un autre côté, s'il avait l'intention de sauter, il avait le temps de le faire avant. À mon avis, il a voulu maîtriser le véhicule jusqu'au bout, pour être sûr qu'il tomberait vraiment dans le précipice. Il ne s'est décidé à sauter qu'après avoir franchi le parapet. Il était complètement inconscient quand les sauveteurs l'ont récupéré ; il est mort dans l'ambulance avant d'atteindre l'hôpital. Eh bien, dit l'inspecteur tandis qu'il appelait le garçon et consultait sa montre, je n'aimerais pas arriver en retard au service religieux. Je veux seulement vous redire une fois de plus à quel point j'ai vraiment apprécié votre aide. (Il sourit pour la première fois à Seldom sans aucune arrière-pensée.) J'ai lu autant que j'ai pu les livres que vous m'avez prêtés, mais les mathématiques n'ont jamais été mon fort.

Nous nous levâmes en même temps que lui et le vîmes s'éloigner en direction de l'église St. Giles, où s'était déjà réunie une foule considérable. Certaines femmes portaient des voiles noirs, et d'autres étaient conduites par la main à l'intérieur de l'église, comme si l'acte de gravir seules les quelques marches de l'entrée se révélait trop douloureux pour elles.

— Vous retournez à l'Institut ? me demanda Seldom.

— Oui, en réalité, je n'aurais pas dû m'accorder ces quelques minutes : il faut que je finisse et que j'envoie aujourd'hui sans faute le rapport de ma bourse. Et vous ?

— Moi ? (Il regarda vers la porte de l'église, et l'espace d'un instant il me parut très seul et curieusement abandonné de tous.) Je vais sans doute attendre ici la fin de la cérémonie : je veux accompagner la procession jusqu'au cimetière.

25.

Je passai les heures suivantes à remplir, en m'y reprenant plusieurs fois, la succession de ridicules petites cases que comportait le rapport. À quatre heures de l'après-midi, je réussis enfin à imprimer les documents et à glisser tous les folios dans une grande enveloppe en papier kraft. Je descendis au secrétariat, laissai l'enveloppe à Kim pour qu'elle l'expédie en Argentine avec le courrier du soir et je gagnai la rue, en proie à cette légère euphorie que donne le sentiment de s'être débarrassé d'une corvée. En route vers Cunliffe Close, je me souvins que je devais régler à Beth le deuxième mois de loyer, je fis donc un crochet pour retirer de l'argent au distributeur automatique. Je me rendis compte que je suivais le même trajet qu'un mois auparavant, presque exactement à la même heure. L'air de l'après-midi avait la même tiédeur, les rues étaient aussi paisibles, tout paraissait se dupliquer, comme si l'on m'offrait une chance de revenir en arrière, au premier jour où tout avait commencé. Je décidai de reprendre Banbury Road du même côté, le trottoir au soleil, et je cheminai en frôlant les haies de troènes, afin de me plier à cette mystérieuse conjonction de répétitions. La seule chose qui n'était pas là il y a un mois, je l'aperçus en atteignant le croisement avec Cunliffe Close : c'était le dernier lambeau de peau de l'*angstum* encore collé à la chaussée. Je me forçai à approcher. Les automobiles, la pluie, les chiens avaient effectué leur travail. Le sang avait été absorbé. Il subsistait à peine ce fragment de peau hérissé de poils qui ressortait du revêtement, une espèce de croûte sur le point d'être arrachée. « L'*angstum* est capable de tout pour sauver son petit », avait affirmé Beth. N'avais-je pas entendu ce matin une phrase presque identique ? En effet, l'inspecteur Petersen avait dit : « Il est difficile de savoir jusqu'où on irait pour son enfant. » Je demeurai pétrifié, les yeux cloués sur cette ultime dépouille, guettant le silence. Soudain je le sus, je le sus complètement. Je vis, comme si ç'avait toujours été là, ce que Seldom voulait me montrer depuis le début. Il me l'avait dit, presque mot pour mot, et j'avais été incapable de l'entendre. Il me l'avait répété, de cent manières différentes, il m'avait fourré les photos sous le nez, et moi je n'avais distingué tout le temps que des M, des cœurs et des huit.

Je fis demi-tour et rebroussai chemin avec une

unique pensée : il me fallait trouver Seldom. Je traversai le marché, remontai par High Street, puis pris le raccourci de King Edward afin d'arriver le plus vite possible à Merton College. Mais Seldom n'était pas là. Je restai un moment un peu perdu face au guichet de la réception. Je demandai si on l'avait vu revenir à l'heure du déjeuner ; non, personne ne se rappelait l'avoir aperçu depuis le matin. Je songeai qu'il se trouvait peut-être à l'hôpital, en train de rendre visite à Frank. J'avais quelques pièces de monnaie dans la poche et j'appelai Lorna, pour qu'elle me mît en communication avec le deuxième étage. Mr. Kalman n'avait reçu aucune visite ce jour-là. On me repassa Lorna.

— Tu n'as aucune autre idée de l'endroit où il pourrait être ?

Il y eut un silence à l'autre bout du fil et j'ignorais si Lorna tout simplement réfléchissait, ou si elle hésitait à m'avouer quelque chose susceptible de me révéler leur véritable relation.

— Quel jour sommes-nous ? me demanda-t-elle subitement.

C'était le 25 juin. Je le lui dis et Lorna soupira, comme si elle acquiesçait.

— C'est le jour où sa femme est morte, le jour de l'accident. Tu devrais le trouver au musée Ashmolean.

Je retournai vers Magdalen Street et grimpai le perron du musée. Je n'y étais jamais allé auparavant.

Je traversai une petite galerie de portraits où présidait le visage impénétrable de John Dewey et suivis les flèches indiquant la grande frise des Assyriens. Seldom était seul dans la salle ; il était assis sur l'une des banquettes disposées à une certaine distance du mur du milieu. À mesure que j'approchais, je découvris que la frise se prolongeait, tel un mince et interminable parchemin en pierre étiré d'une extrémité à l'autre de la pièce. Je ralentis à mon insu l'allure de mon pas : Seldom paraissait plongé dans un profond recueillement, les yeux cloués sur un détail de la pierre, immobiles et vidés de toute expression ; on avait l'impression qu'il avait cessé de regarder depuis longtemps. Je songeai un instant que j'aurais dû l'attendre dehors. Quand il se tourna vers moi, il n'eut pas l'air surpris de ma présence ; il se contenta de dire, avec son ton serein habituel :

— Eh bien, si vous êtes venu jusqu'ici, c'est parce que vous savez, ou parce que vous croyez savoir, n'est-ce pas ? Asseyez-vous. (Il me montra la banquette à côté de lui.) Si vous voulez voir la frise en entier, il faut vous asseoir ici.

J'obtempérai et découvris la succession d'images bigarrées de ce qui ressemblait à un immense champ de bataille. Les personnages étaient petits et imprimés sur la pierre jaunâtre avec une admirable précision. Dans la multiplication des scènes de combat, un seul guerrier semblait affronter des légions entières d'ennemis. On le reconnaissait à sa longue barbe et à une épée qui dépassait de toutes les autres. L'inlassable multiplication du guerrier donnait, en parcourant la frise de gauche à droite, l'illusion d'un mouvement réel. En y regardant de plus près, l'on observait que les positions successives pouvaient être vues comme une progression dans le temps ; à la fin de la frise, les personnages jonchant le sol étaient beaucoup plus nombreux, de sorte que le guerrier paraissait avoir vaincu à lui seul toute une armée.

— *Le Roi Nissam, guerrier infini*, dit Seldom, avec une intonation bizarre. La frise avait été présentée au roi Nissam sous ce titre, et c'est encore sous ce titre qu'elle est arrivée au musée britannique trois mille ans après. Mais la pierre renferme une autre histoire pour qui a la patience de l'étudier. Ma femme est parvenue à la reconstituer presque entièrement quand la frise a été exposée ici. Si vous jetez un coup d'œil au panneau d'à côté, vous observerez que l'œuvre avait été commandée à Hassiri, le sculpteur assyrien le plus important, afin de fêter un anniversaire du roi. Hassiri avait un fils, Nemrod, à qui il avait enseigné son art et qui travaillait avec lui. Nemrod était promis à une très jeune fille, Agartis. Le jour exact où le père et le fils préparaient la pierre pour commencer leurs travaux, le roi Nissam, lors d'une partie de chasse, découvrit la jeune fille près de la rivière. Il voulut la prendre de force et Agartis, qui n'avait pas reconnu le roi, essaya de s'échapper à travers les bois. Le roi la rattrapa facilement et lui trancha la tête après l'avoir violée. Lorsqu'il revint au palais et passa devant les sculpteurs, le père et le fils purent apercevoir la tête de la jeune fille accrochée à la croupe du cheval avec les autres trophées de la chasse. Tandis qu'Hassiri se rendait auprès de la mère d'Agartis pour lui apprendre la triste nouvelle, son fils, dans un élan de désespoir, grava sur la pierre le personnage du roi fauchant la tête d'une femme agenouillée. En revenant, Hassiri retrouva son fils fou de douleur, martelant sur la pierre une image qui signait son arrêt de mort. Il l'écarta du mur, l'obligea à rentrer chez lui et resta seul face à son problème. Il lui aurait sans doute été facile d'effacer de la pierre cette scène. Mais Hassiri était un artiste à l'ancienne, et il croyait que chaque œuvre était porteuse d'une mystérieuse vérité protégée par une main divine, une vérité dont la destruction n'appartient pas aux hommes. Peut-être qu'il voulait aussi, à l'instar de son fils, que les hommes d'un futur éventuel fussent au courant de ce qui était arrivé. Pendant la nuit, il étendit une toile devant le mur et demanda à travailler en secret, caché derrière la toile. En effet, dit-il, l'œuvre en question serait d'une nature différente de tous ses travaux antérieurs, une œuvre que seul le regard du roi devait inaugurer. Face à cette image gravée sur la pierre, Hassiri fut confronté au même dilemme que le général de Chesterton dans *Le Signe de l'épée brisée.* Quel est le meilleur endroit pour cacher un grain de sable ? Une plage, bien sûr, mais s'il n'y a pas de plage ? Quel est le meilleur endroit pour cacher un soldat mort ? Un champ de bataille, oui, et qu'arrive-t-il s'il n'y a pas de bataille ? Un général peut déclencher une bataille, et un sculpteur… peut l'imaginer. Le roi Nissam, guerrier infini, n'avait jamais participé à une guerre : son époque fut extraordinairement pacifique, probablement ne tua-t-il au cours de sa vie que des femmes désarmées. Pourtant, et bien qu'un peu surpris par le sujet martial de la frise, le roi se sentit flatté, et il songea que ce serait une bonne idée de l'exposer dans le palais afin d'intimider les rois voisins. Nissam et après lui des générations et des générations d'hommes ne virent que ce que l'auteur voulait qu'on vît : une stupéfiante succession d'images dont l'œil se détache bien vite, car il croit en avoir perçu la répétition, il croit en capturer la règle, il croit que chaque partie représente le tout. La multiplication du personnage avec l'épée représente le piège. Mais il existe une partie minime, une partie cachée qui contredit et annihile le reste, une partie qui constitue par elle-même un autre tout. Moi, je n'ai pas été obligé d'attendre aussi longtemps qu'Hassiri. Je souhaitais également que quelqu'un, une personne au moins, le découvre, que quelqu'un sache la vérité et juge. Je suppose que je dois me réjouir que vous ayez finalement trouvé.

Seldom se leva et ouvrit la fenêtre derrière moi tout en se roulant une cigarette. Il continua à parler debout, comme s'il lui était désormais impossible de se rasseoir.

— Ce premier après-midi, quand nous avons fait connaissance, j'avais reçu un message, certes, mais ce n'était ni un inconnu qui l'avait envoyé ni un fou ; il venait au contraire de quelqu'un malheureusement très proche de moi. C'était la confession d'un crime et un appel au secours désespéré. Le message se trouvait dans mon casier depuis le début de mon cours, comme je l'avais déclaré à Petersen, mais je l'ai ramassé et lu dès que je suis descendu à la cafétéria, une heure plus tard. Je suis aussitôt allé à Cunliffe Close et je suis tombé sur vous devant la porte d'entrée. J'espérais encore qu'il pouvait y avoir un peu d'exagération dans le message. *J'ai fait quelque chose de terrible*, disait-il, mais comment aurais-je pu deviner ce que nous allions découvrir ? Quelqu'un que vous avez pris dans vos bras, quand c'était une petite fille, reste une petite fille pour vous durant toute la vie. Je l'avais toujours protégée. J'aurais été incapable d'appeler la police. Si j'avais été seul là, je suppose que j'aurais essayé d'effacer les traces, de nettoyer le sang, de faire disparaître l'oreiller. Mais vous étiez là, et j'ai été obligé d'effectuer l'appel.

J'étais déjà au courant des affaires traitées par Petersen et je savais que dès qu'il prendrait les choses en main et se jetterait sur elle, elle n'en réchapperait pas. Tandis que nous attendions la patrouille, j'ai été, moi aussi, confronté au problème d'Hassiri. Où cacher un grain de sable ? Dans la plage. Où cacher un personnage armé d'une épée ? Dans un champ de bataille. Et où cacher un crime ? On ne pouvait plus le cacher dans le passé. La réponse était donc simple mais terrible : il ne restait que l'avenir, le crime ne pouvait être occulté que dans une série de crimes. À vrai dire, après la publication de mon livre j'avais reçu des messages émanant de toutes sortes de perturbés mentaux. L'un d'entre eux, en particulier, assurait assassiner un clochard chaque fois que son ticket de bus était un nombre premier. Je n'aurais donc aucun mal à inventer un meurtrier qui laisserait dans chaque crime, en guise de défi, le symbole d'une suite logique. Mais, bien sûr, je n'étais pas disposé à *commettre* les assassinats. Je n'étais pas très sûr de la façon d'y arriver, et je n'avais pas non plus beaucoup de temps pour y réfléchir. Lorsque le médecin légiste a déterminé l'heure du décès entre deux et trois heures de l'après-midi, je me suis rendu compte qu'elle allait être aussitôt arrêtée et j'ai décidé de me jeter à l'eau. Le papier roulé en boule dans la corbeille cet après-midi-là était le brouillon d'une démonstration erronée que j'avais voulu récupérer ensuite, j'étais persuadé que Brent s'en souviendrait si la police l'interrogeait. J'ai imaginé un texte bref, une espèce de rendez-vous. Je voulais surtout lui fournir un alibi : l'heure était donc l'élément le plus important. Je choisis trois heures de l'après-midi, la limite supérieure fixée par le médecin légiste, je savais qu'à ce moment-là elle se trouvait déjà à la répétition. Quand l'inspecteur m'a demandé s'il y avait dans le message quelque autre détail, je me suis rappelé que nous avions parlé ensemble en espagnol et que, en jetant un coup d'œil sur les chevalets du Scrabble, j'avais vu formé le mot *aro*. J'ai aussitôt pensé au cercle : c'était exactement le symbole que je suggérai moi-même dans mon ouvrage, pour entamer une suite avec le maximum d'indétermination.

— *Aro*, c'était cela que je devais voir sur les photos.

— Oui : j'ai essayé de vous le dire de toutes les façons possibles. Puisque vous n'êtes pas anglais, vous étiez le seul capable de réunir les lettres et de les lire comme moi je les ai lues. Après qu'ils ont pris nos dépositions, pendant que nous marchions en direction du théâtre, je voulais surtout vérifier si vous aviez remarqué ça ou tout autre détail qui m'aurait échappé et qui pourrait l'inculper. Vous avez attiré mon attention sur la position finale de la tête, dont les yeux étaient tournés vers le dossier. Elle m'a avoué ensuite qu'en effet elle n'avait pas supporté le regard de ces yeux figés et ouverts.

— Et pourquoi a-t-elle fait disparaître la couverture ?

— Au théâtre, je lui ai demandé de tout me raconter, point par point, de me décrire exactement comment elle s'y était prise. Voilà pourquoi j'ai suggéré à Petersen de lui annoncer moi-même la nouvelle : je souhaitais lui parler avant qu'elle n'affronte la police. Je voulais lui expliquer mon plan et je voulais, surtout, savoir si elle n'avait pas négligé autre chose. Elle m'a dit qu'elle avait utilisé ses gants de soirée pour ne pas laisser de traces, mais que Mrs. Eagleton s'était débattue, effectivement, et que le talon de sa chaussure avait déchiré la couverture. Elle avait pensé que la police soupçonnerait peut-être une femme à cause de ce détail. La couverture était encore dans son sac et nous avons décidé qu'elle la ferait disparaître. Elle était terriblement nerveuse ; j'étais certain qu'elle ne résisterait pas à cette première rencontre avec Petersen. Je savais que si Petersen s'intéressait de près à elle, elle était perdue. Et je savais aussi que pour rendre crédible la théorie de la série, je devais lui fournir le plus vite possible un deuxième meurtre. Par chance, *vous* m'aviez donné, lors de notre première conversation, l'idée qui me manquait, quand nous avions parlé de crimes imperceptibles. Des crimes que personne ne verrait comme des crimes.

Un crime vraiment imperceptible, m'étais-je dit, n'a même pas besoin d'être un crime. J'ai tout de suite pensé à la salle de Frank. Chaque semaine j'en voyais sortir des cadavres. J'avais juste besoin de me procurer une seringue et, ainsi que Petersen l'a deviné, d'attendre patiemment l'apparition du premier mort dans la chambre du couloir. C'était un dimanche, tandis que Beth était en tournée. Parfait pour la libérer de tout soupçon. J'ai noté l'heure marquée sur le poignet, pour m'assurer à moi-même un alibi, et j'ai introduit dans le bras de ce cadavre la seringue vide, juste pour laisser une trace. Je n'avais pas l'intention d'aller au-delà. J'avais lu, au cours de ma petite enquête sur les meurtres non résolus, que les médecins légistes subodoraient, depuis un certain temps, l'existence d'une substance chimique qui disparaît complètement en quelques heures. Cela me suffisait. En outre, on supposait que mon assassin devait être assez fort pour défier également la police. J'avais déjà décidé que le second symbole serait celui du poisson, et que la suite devait être celle des premiers nombres pythagoriciens. À peine sorti de l'hôpital, j'ai collé un message similaire à celui que j'avais décrit à Petersen sur la porte tournante de l'Institut. L'inspecteur est parvenu à reconstituer cette partie et je crois qu'il m'a soupçonné pendant un moment. C'est à partir de cette deuxième mort que Sacks s'est mis à me suivre partout.

— Mais durant le concert vous n'avez pas pu ! Vous étiez assis à côté de moi !

— Le concert... Le concert a été le premier signal de ce que je redoutais le plus. Cette malédiction qui me poursuit depuis toujours. Dans mon plan, j'avais espéré qu'il se produirait un accident de la circulation exactement à l'endroit choisi par Johnson pour plonger dans le ravin. C'était là que moi-même j'avais eu mon accident et l'unique possibilité qui me venait à l'esprit pour le troisième symbole de la suite : le triangle. J'avais l'intention d'envoyer un message a posteriori qui revendiquerait ce vulgaire accident en tant que crime, un crime ayant atteint à la plus grande perfection : celle de ne laisser aucune trace. Voilà ce que j'avais décidé et ç'aurait été la dernière des morts. Aussitôt après, j'aurais révélé la solution de la suite que j'avais moi-même inventée. Mon soi-disant adversaire intellectuel admettrait sa défaite et disparaîtrait en silence, ou en semant peut-être quelques fausses pistes pour que la police pourchasse encore pendant quelque temps un fantôme. C'est alors que s'est produite l'histoire du concert. C'était une mort, et j'en cherchais précisément une. De là où nous étions, on aurait vraiment cru que quelqu'un était en train de l'étrangler. Il n'était pas difficile d'imaginer que nous assistions à un assassinat. Mais l'élément le plus incroyable, c'était sans aucun doute le fait que cet homme agonisant jouait du triangle. Ça ressemblait à un heureux présage, comme si mon plan avait été approuvé dans une sphère plus élevée et que la vie me dégageait le chemin. Je vous ai déjà dit que je n'ai jamais su déchiffrer les signes du monde réel. J'ai cru pouvoir profiter, pour mon plan, de cette mort, et tandis que vous vous précipitiez avec les autres vers la scène, j'ai vérifié que personne ne me regardait et j'ai découpé sur le programme les deux mots dont j'avais besoin pour confectionner le message. Puis je les ai simplement déposés sur mon siège et je vous ai suivi. Quand l'inspecteur nous a fait signe et que je l'ai vu arriver depuis l'autre extrémité de notre rangée, je me suis arrêté exprès avant d'atteindre ma place, l'air paralysé par la surprise, pour que ce soit lui-même qui brandisse les deux bouts de papier. Ç'a été mon petit tour de passe-passe. Bien sûr, j'avais reçu, ou je supposais avoir reçu, une aide extraordinaire du hasard : Petersen était même présent et assistait à tout. Le médecin qui est monté sur scène a déclaré que pour lui c'était évident : il s'agissait d'un arrêt respiratoire naturel, malgré son apparence si dramatique. J'aurais moi-même été le premier surpris si l'autopsie avait révélé quelque chose de bizarre. Il ne me restait plus qu'un problème, que j'avais déjà résolu une fois : comment transformer une mort naturelle en crime et glisser une hypothèse convaincante, de sorte que Petersen intègre lui aussi spontanément cette mort dans la série. C'était plus ardu cette fois-ci ; en effet, je ne pouvais pas m'approcher du cadavre et, disons, serrer mes mains autour du cou. Je me suis alors souvenu de l'affaire du télépathe. C'était la seule idée qui m'était venue à l'esprit : insinuer qu'il s'agissait peut-être d'un cas d'hypnotisme à distance. Je savais pourtant que ce serait presque impossible de convaincre Petersen, même s'il avait conservé des doutes sur le meurtre de Mrs. Crafford : c'était, en quelque sorte, en dehors de l'esthétique de ses raisonnements, de son approche du vraisemblable. Pour lui, cela n'aurait pas représenté un argument plausible, comme nous dirions en mathématiques. Mais tout a été inutile, finalement : Petersen a accepté sans l'ombre d'une hésitation une hypothèse pour moi beaucoup plus grossière, celle de l'attaque éclair par-derrière. Il l'a acceptée, malgré sa présence au concert et le fait qu'il ait vu la même chose que nous : en dépit de l'aspect théâtral de la mort, il n'y avait personne d'autre là-bas. Il l'a acceptée pour cette bonne raison humaine de toujours : parce qu'il *voulait* croire. Le plus étrange, c'est peut-être qu'il n'ait même pas envisagé un instant la possibilité d'une mort naturelle ; j'ai compris que s'il en avait douté, à un moment ou à un autre, à présent il était totalement persuadé de poursuivre un criminel en série, et qu'il lui semblait parfaitement raisonnable de tomber sur des crimes à chaque pas, y compris l'unique soirée où il se rendait à un concert avec sa fille.

— Vous ne pensez pas que Johnson a pu attaquer le musicien, comme l'estime Petersen ?

— Non, je n'en crois rien. C'est seulement possible si l'on s'en tient au point de vue de Petersen. Autrement dit, si Johnson avait également projeté la mort de Mrs. Eagleton et celle de Clark. Mais jusqu'à la nuit du concert, il était très difficile pour Johnson de faire le lien exact entre les deux décès. J'imagine que ce soir-là Johnson a vu, comme moi, un faux signal. Peut-être qu'il n'a même pas assisté à la mort : il devait sans doute être resté dans l'autocar, à attendre les enfants. Mais il a sûrement lu l'histoire tout entière le lendemain dans les journaux. Il a découvert la série de symboles, une série dont lui connaissait la suite. Il avait lu frénétiquement tout ce qu'il avait trouvé au sujet des pythagoriciens et il a senti, comme moi, que de quelque sphère supérieure on lui offrait une possibilité de réaliser son plan. Le nombre des enfants de l'équipe de basket correspondait au nombre de la *tetraktys*. Sa fille n'avait plus que quarante-huit heures à vivre. Tout semblait lui signifier : c'est une chance et peut-être la dernière. Voilà ce que j'essayais de vous expliquer dans le parc, le cauchemar qui m'accompagne depuis l'enfance : les conséquences, les dérivations infinies, les monstres engendrés par les rêves de la raison. Je voulais seulement éviter qu'elle n'aille en prison, et maintenant j'ai onze morts sur la conscience.

Il garda le silence un instant, le regard perdu au-delà de la fenêtre.

— Durant tout ce temps vous avez été mon instrument de mesure. Je savais que si je réussissais à vous convaincre à propos de la série, je convaincrais aussi Petersen, et je savais également que si quelque chose m'échappait, vous me le signaleriez peut-être par avance. Mais je désirais en même temps être juste avec vous, si cet adjectif a un sens, vous offrir toutes les possibilités de découvrir la vérité… Comment vous en êtes-vous rendu compte, finalement ? me demanda-t-il soudain.

— Je me suis souvenu de ce que Petersen avait dit ce matin, qu'il est difficile de deviner ce qu'un père serait capable de faire pour sa fille. Le jour où je vous ai aperçus ensemble au marché, vous et Beth, il m'a semblé remarquer une relation étrange entre vous deux. J'avais surtout été intrigué en la voyant quêter votre approbation pour son mariage. Je me suis demandé si vous étiez susceptible de couvrir une série de meurtres commis par une personne que vous n'aviez pas l'habitude de rencontrer souvent.

— Oui, même au comble du désespoir, elle a su parfaitement à quelle porte elle devait aller frapper. J'ignore en réalité, et je crois que je l'ignorerai toujours, si ce qu'elle pense est exact. Je ne sais pas ce que sa mère a bien pu lui raconter sur nous. Elle ne m'en avait jamais parlé auparavant. Mais peut-être qu'elle a joué sa dernière carte pour s'assurer mon aide.

Il chercha dans la poche intérieure de sa veste et me tendit un papier plié en quatre. *J'ai fait quelque chose de terrible*, disait la première ligne, avec une écriture curieusement enfantine. La seconde, qui paraissait avoir été rajoutée dans un transport de détresse, suppliait, dans des caractères grands et accablés : *Je t'en prie, je t'en prie, il faut que tu m'aides, papa.*

Épilogue

Lorsque je descendis les marches du musée, le soleil brillait encore, avec cette clarté bienfaisante, longuement prolongée, des soirées d'été. Je rentrai à Cunliffe Close, en laissant derrière moi la coupole dorée de l'Observatoire. Je remontai lentement la côte de Banbury Road, indécis sur l'usage que je devais faire de cette confession. Certaines des maisons commençaient à s'éclairer et j'aperçus, à travers les fenêtres, des sacs de papier remplis de provisions, des téléviseurs qui s'allumaient, les fragments civilisés de cette vie qui continuait, imperturbable, derrière les haies de troènes. À hauteur de Rawlinson Road, j'entendis derrière mon dos à deux reprises le son court et joyeux d'un klaxon de voiture. Je me retournai, croyant que c'était Lorna. Je découvris une petite décapotable flambant neuve, d'un bleu métallique, d'où Beth me faisait des signes. Je m'approchai de la bordure du trottoir et elle se passa une main dans ses cheveux ébouriffés et s'étira sur son siège, avant de me parler avec un grand sourire.

— Je peux te rapprocher ?

Je suppose qu'elle nota quelque chose d'inhabituel en moi car sa main, qui s'était tendue pour ouvrir la portière, s'arrêta à mi-chemin. Je la complimentai mécaniquement pour son auto neuve puis la regardai droit dans les yeux, je la regardai comme si je la voyais pour la première fois, depuis le début, et qu'il me fallait trouver en elle un je-ne-sais-quoi de différent. Mais elle était seulement plus heureuse, plus insouciante, plus belle.

— Un problème ? me demanda-t-elle. Tu venais d'où ?

— Je viens… de parler avec Arthur Seldom.

Un premier signal d'alarme traversa fugacement ses yeux.

— Mathématiques ?

— Non, nous avons parlé au sujet des crimes. Il m'a tout raconté.

Son visage s'assombrit et ses mains se posèrent de nouveau sur le volant. Son corps devint subitement tendu.

— Tout ? Non, je ne pense pas qu'il t'ait tout raconté. (Elle sourit nerveusement pour elle-même et une ancienne rancœur sembla apparaître un instant dans ses yeux.) Il n'oserait jamais *tout* raconter. Mais je vois bien (son regard redevint méfiant), je vois bien que tu l'as cru. Et qu'est-ce que tu vas faire, à présent ?

— Rien. Que pourrais-je faire ? Il irait sans doute lui aussi en prison. (Je l'observais, et parmi toutes les questions auxquelles je songeais, il n'y en avait qu'une que je souhaitais vraiment lui poser. Je me penchai vers elle, jusqu'à croiser une autre fois le bleu figé de ses yeux.) Qu'est-ce qui t'a décidée à agir ?

— Qu'est-ce qui t'a décidé à venir justement ici ? répondit-elle. Parce que tu n'es pas venu simplement étudier les mathématiques, n'est-ce pas ? Pourquoi as-tu choisi Oxford ? (Je vis une larme pointer lentement entre ses cils.) C'est une de tes phrases. Le jour où je t'ai vu si heureux, descendant avec ta raquette de cette voiture. Quand nous avons parlé des bourses. « Tu devrais essayer », m'as-tu dit. Je ne pouvais pas arrêter de me répéter ça : *Tu devrais essayer*. J'espérais qu'elle allait mourir bientôt et qu'il existerait encore pour moi la possibilité d'une autre vie. Mais quelques jours plus tard elle a eu les résultats des nouvelles analyses : le cancer était en rémission, le médecin lui a affirmé qu'elle pouvait vivre dix ans de plus. Encore dix années coincée avec cette vieille pie… j'aurais été incapable de le supporter.

La larme qui était restée suspendue roula le long de sa joue. Elle la chassa d'un mouvement brusque, un peu honteux, et elle tendit la main pour prendre un

Kleenex dans le vide-poches. Ses mains se reposèrent sur le volant ; j'aperçus un instant son pouce tout petit.

— Alors, tu ne vas pas monter ?

— La prochaine fois, dis-je. C'est un si bel après-midi, je préfère marcher un peu.

L'automobile démarra et je la vis bientôt rapetisser puis disparaître au loin, dans le virage de Cunliffe Close. Je me demandais à quoi pensait Beth, quand elle avait dit que Seldom n'oserait pas tout raconter : était-ce ce qu'il m'avait appris, ou avait-il caché autre chose, une chose que j'avais peur d'imaginer ? Quelle partie savais-je finalement de toute la vérité, et comment devrait commencer mon second rapport ? Au croisement de Cunliffe Close je regardai par terre et il me fut impossible de reconnaître l'endroit exact où était tombé l'*angstum* : les derniers résidus de peau avaient disparu et le revêtement qui s'étendait à mes pieds, aussi loin que pouvaient porter mes yeux, était à nouveau propre, innocent, dégagé.

Remerciements

À la fondation MacDowell, à mes bienfaiteurs anonymes et à M. et Mme Putnam, pour deux séjours dans ce paradis pour artistes qu'est la Colonie MacDowell, où a été écrite une grande partie de ce roman. À l'International Writing Program, de l'université d'Iowa, pour une bourse de deux mois qui m'a permis de le corriger.

Impression réalisée sur CAMERON par

BUSSIÈRE CAMEDAN IMPRIMERIES

GROUPE CPI

à Saint-Amand-Montrond (Cher)
pour le compte de Nil Editions
en septembre 2004

N° d'édition : 45231/01. – N° d'impression : 043410/4.
Dépôt légal : septembre 2004.

Imprimé en France